Werner Oswald

Alle BMW Automobile 1928–1978

Werner Oswald

Alle BMW Automobile 1928–1978

Geschichte und Typologie der Marken Dixi und BMW

Motorbuch Verlag Stuttgart

Redaktion und Umbruch: Werner Oswald
Umschlagzeichnung: Carlo Demand
Einband und Umschlagkonzeption: Siegfried Horn

Fotos und Bilder:

Archiv Werner Oswald (223), Archiv BMW (72), Archiv Hans-Jürgen Mertink (11), Archiv Erik Eckermann (5), Archiv Wolfgang Schmarbeck (3), Bundesarchiv (2)

Fotos Dr. Paul Simsa (7), Max Hahn (3), Friedrich R. Wolf (2), Peter de Crousaz (1), Wolfgang Hecht (1), Dieter Pütz (1), Joachim Wölfer (1), Josef Herink (1), Erhard Zhorzel (1)

Abgeschlossen nach dem Stand vom 1. August 1978

ISBN 3-87943-584-7

1. Auflage 1978

Eine Abteilung des Buch- und Verlagshauses Paul Pietsch GmbH & Co. KG.

Satz und Druck: SV Druck, 7302 Ostfildern 1
Bindung: Großbuchbinderei Franz Spiegel, 7900 Ulm
Printed in Germany

Inhalt

Lieber Leser,

über 200 Personenwagen-Marken gab es im früheren Deutschen Reich, nur noch deren sieben gibt es heute in der Bundesrepublik. Alle diese sieben Marken erfreuen sich weltweit eines guten Rufes, jede freilich auf ihre eigene Art, wobei merkwürdigerweise das Image der einzelnen Fabrikate keineswegs immer mit deren realen Eigenschaften übereinzustimmen braucht. Das gilt auch für die Automobile von BMW. Man spricht ihnen weithin ein besonders hohes Maß von Sportlichkeit zu, was immer man darunter auch verstehen will. Der Fachmann mag solche Kennzeichnung relativieren und der Laie macht sich davon oft völlig falsche Vorstellungen. Auf jeden Fall ist die tatsächliche oder vermeintliche Sportlichkeit dem Verkauf der Automobile mit dem berühmten weiß-blauen Markenzeichen ungemein förderlich. Das war schon so in den dreißiger Jahren, das brachte BMW auch in den sechziger und siebziger Jahren wieder auf stolze Höhen.

1928 begannen die Bayerischen Motoren Werke mit dem Automobilbau. Vom damaligen Dixi-Nachfolger bis zum weitgefächerten Programm von heute gab es viele interessante Modelle, die es wert sind, in der Erinnerung und erst recht als Erinnerung bewahrt zu werden. Das wechselvolle Schicksal der Marke BMW und die nicht minder dramatische Typengeschichte der BMW Automobile möchte dieses Buch nicht nur übersichtlich, sondern auch einprägsam darstellen.

Wertvolle Unterstützung erhielt der Verfasser bei diesem Vorhaben von Hans Fleischmann (BMW-Archiv), Peter Schneider (BMW-Museum) und Klaus Bandow (BMW-Presseabteilung). Wichtige Ergänzungen zur Geschichte der Eisenacher Produktion lieferten Klaus-Jürgen Mertink (Berlin) und Wolfgang Roediger (Erfurt). Etliche einzigartige und deshalb besonders willkommene Bilder stellten Erik Eckermann, Wolfgang Schmarbeck und Dr. Paul Simsa zur Verfügung. Ihnen allen sowie mehreren Einsendern privater Fotos sei an dieser Stelle sehr herzlich gedankt.

Nützliche Hinweise und vor allem weiteres Bildmaterial für die folgenden Auflagen dieses Buches nehmen wir mit Vergnügen entgegen.

Ing. Werner Oswald
Postfach 126
8024 Deisenhofen bei München

Dixi und noch früher: Die Vorfahren der BMW Automobile

Gegründet wurden die Bayerischen Motoren Werke im Jahre 1916 und mit dem Automobilbau begann BMW erst 1928, aber dessen Vorgeschichte reicht viel weiter zurück. Als Ursprungsdatum möchte man den 3. Dezember 1896 festhalten, an dem ein Bankenkonsortium unter dem Vorsitz des Geheimrats Heinrich Ehrhardt mit einem Kapitalaufwand von 1,25 Millionen Goldmark die »Fahrzeugfabrik Eisenach AG.« entstehen ließ. Der Geheime Baurat Generaldirektor Dr.-Ing. e.h. Heinrich Ehrhardt (1840–1928), ein ideenreicher und vielseitiger Erfinder, hatte mit dem Rheinmetall-Konzern die nach Krupp zweitgrößte Rüstungskapazität im deutschen Kaiserreich aufgebaut. Seine Werke im Rheinland, in Westfalen und Thüringen lieferten Geschütze, Panzerplatten, vielen anderen Heeresbedarf, aber auch Werkzeugmaschinen und die verschiedensten Konsumgüter.

Wartburg-Motorwagen (1898–1903)

Zur Gründung des neuen Unternehmens in Eisenach war Ehrhardt durch die Kaiserliche Militärverwaltung veranlaßt worden, die ihrem zuverlässigem Lieferanten mit einem Auftrag über 1000 bespannte Militärfahrzeuge (Munitions- und Sanitätswagen, Feldküchen, Protzen) ein weiteres Betätigungsfeld angeboten hatte. Außerdem wurde die Herstellung von Fahrrädern aufgenommen, nämlich von sogenannten Bergrädern mit Kardanantrieb und Zweigangübersetzung. An Motorfahrzeuge war zunächst nicht gedacht, zumal man diese beim Heer noch nicht verwendete. Dessen ungeachtet begann man in der Fahrzeugfabrik Eisenach schon sehr bald nach deren Gründung, mit je einem selbstgebauten Drei- und einem Vierrad-Motorwagen zu experimentieren, was jedoch anscheinend wenig Erfolg versprach. Daraufhin erwarb Geheimrat Ehrhardt am 12. September 1898 die Alleinlizenz für Deutschland der französischen Firma Decauville, die 1897 eine recht gut verkäufliche Voiturette herausgebracht hatte. Zunächst komplettierte die Fahrzeugfabrik Eisenach aus Frankreich angelieferte Fahrgestelle, ehe sie als fünfte deutsche Fabrik – nach Daimler in Cannstatt, Benz in Mannheim, Dürkopp in Bielefeld und Opel in Rüsselsheim – mit dem Serienbau von Motorwagen begann. Die »Wartburg-Kutschierwagen«, wie sie hießen, gab es bis 1901 mit luftgekühltem 500 ccm-3,5 PS- oder mit wassergekühltem 750 ccm-5 PS-Zweizylinder-Motor, der samt dem Kettenantrieb völlig offen und ungeschützt unter dem Fahrersitz lag. Die Vorderräder mit starrer Faustachse und Halbelliptik-Querfederung ließen sich mittels einer Handkurbel lenken. Dem etwas hochbeinigen Wägelchen mag man heute kaum mehr zutrauen, daß damit 1899 bereits 22 Goldene Medaillen und Erste Preise gewonnen wurden. Bei Rennen fuhren die Wartburg-Wagen bis zu 60 km/h und auf der ersten Internationalen Motorwagen-Ausstellung 1899 in Berlin fanden sie ebenfalls große Aufmerksamkeit. Der Verkauf lief ausgezeichnet, übrigens auch an ausländische Kunden. Unter dem Namen »Cosmobile« gelangten die Fahrzeuge aus Eisenach sogar nach Amerika. Fünf Wartburg-Wagen aus jener Pionierzeit blieben bis heute erhalten. Sie stehen im Eisenacher Werksmuseum, bei einem Münchener Privatbesitzer, im Dearborner Ford-Museum, im Technischen Museum Prag sowie in Oslo.

Von 1901 bis 1903 wurden die Wartburg-Motorwagen in verschiedenen Zweizylinder-Ausführungen gebaut, wiederum nach Decauville-Lizenzen, jetzt aber mit vornliegendem Motor, Kardanantrieb und Lenkrad mit schräggestellter Lenksäule. 1902 erschien der erste große Wartburg mit 3,1 Liter-15 PS-Vierzylinder-Motor. Als Rennwagen mit 22 PS Leistung, Fünfganggetriebe, 650 kg Gewicht und 120 km/h Geschwindigkeit siegte er am 31. August 1902 beim Internationalen Automobil-Rennen in Frankfurt am Main.

1903 überwarf sich Geheimrat Heinrich Ehrhardt mit den anderen Aktionären, legte den Vorsitz im Aufsichtsrat nieder und gründete unter Mitnahme der Decauville-Lizenzen in Zella-St. Blasien einen auf den eigenen Namen lautenden Automobilbau. (Die Automarke Ehrhardt existierte bis 1924). Die Fahrzeugfabrik Eisenach war damit aus dem Rheinmetall-Konzern ausgeschieden und stellte die Produktion auf Motorfahrzeuge eigener Konstruktion um. Etwa 250 Wartburg-Motorwagen sollen in der Zeit von 1889 bis 1903 ausgeliefert worden sein.

Einer der ersten Wartburg Kutschierwagen aus dem Jahre 1899, hier mit luftgekühltem 500 ccm 3,5 PS Zweizylinder-Motor.

Rückansicht des Wartburg Kutschierwagens, hier mit wassergekühltem 750 ccm 5 PS Zweizylinder-Motor. Mit dem Handrad auf der rechten Seite des Wagens wird der Motor vom Fahrersitz aus angeworfen.

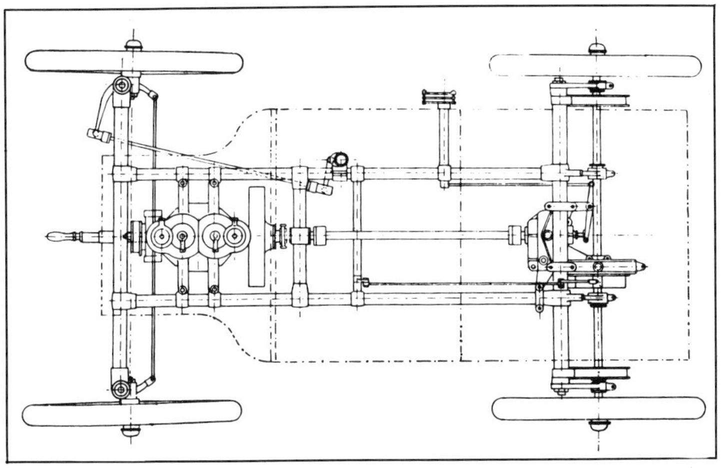

Fahrgestell eines Wartburg Motorwagens von 1903: Vornliegender Motor und Stahlrohr-Rahmen.

Wartburg Tonneau von 1902 mit vornliegendem Motor, normaler Andrehkurbel und Automobillenkung. 8,5 PS 1,4 Liter Zweizylinder, Dreiganggetriebe, Radstand 1758 mm, Gewicht 850 kg, Geschwindigkeit 35 bis 40 km/h.

Dixi (1903–1925)

Auf der Frankfurter Automobil-Ausstellung 1904 erschien der erste »Dixi«, wie von nun an lange Zeit die Eisenacher Automobile heißen sollten. Dieser erste Dixi war der Typ S 12, der zunächst als Tourenwagen, als Coupé und als »Ablieferungswagen« (Nutzlast bis zu 12 Zentner) angeboten wurde. Der Wagen besaß einen wassergekühlten 2,8 Liter-Vierzylinder-Motor mit paarweise zusammengegossenen Zylindern sowie Kardanantrieb. Das Wechselgetriebe war bei einem Teil der Fahrzeuge an der Hinterachse angebaut, die Fußbremse wirkte auf die Kardanwelle und die Handbremse auf die hinteren Holzspeichenräder. Entwickelt hatte den für seine Zeit recht fortschrittlichen Dixi S 12 Ingenieur Willy Seck (1868–1955), damals einer der fähigsten deutschen Automobilkonstrukteure, der sich vorher bereits bei Cudell und bei Scheibler einen Namen gemacht hatte. Seck blieb zwar nur kurze Zeit als Technischer Direktor bei der Fahrzeugfabrik Eisenach, doch leitete nach ihm Obering. Schwarz aus dem S 12 eine ganze Folge weiterer Typen ab, von denen einer bis 1925 Bestand hatte.

Zum S 12 brachte die Fahrzeugfabrik Eisenach noch im gleichen Jahr 1904 den von Ing. Trumann konstruierten Kleinwagen Dixi T 7 mit 7,7 PS-Einzylinder-Motor und Zweigang-Getriebe heraus (Preis 3800 Mark), woraus im Laufe der folgenden Jahre ebenfalls eine umfangreiche Typenreihe entstand. So war das vielfältige Programm der Dixi Personenautomobile vor dem ersten Weltkrieg durch eine merkwürdige und gewiß nicht sehr sinnvolle Zweigleisigkeit gekennzeichnet.

Auf der T-Reihe basierte übrigens auch der 1905 herausgebrachte Typ U 30, ein riesiger Luxuswagen mit 6,5 Liter-Vierzylinder-Motor. Er besaß noch Kettenantrieb, weil man diesen für robuster hielt, während man einer Kardanwelle die Übertragung hoher Motorleistungen nicht recht zutrauen wollte. 1908 folgte dem U 30 der Typ U 35 mit noch größerem 26/65 PS- 7,3

Dixi Personenwagen 1904 bis 1927

Typ	Baujahr	Stückzahl	Zyl.-zahl	Bohrung x Hub	Hubraum	Leistung	Bemerkungen
J 24	1904 – 1905	9	4 Zyl.	110 x 130 mm	4920 ccm	24 PS	Kettenantrieb
COS	1904 – 1906	120	1 Zyl.		1380 ccm	8,4 PS	
S 6	1904 – 1905	18	2 Zyl.	95 x 100 mm	1408 ccm	10 PS	IOE-Ventile
S 12, S 13, S 14	1904 – 1907	110	4 Zyl.	95 x 100 mm	2815 ccm	12 – 22 PS	IOE-Ventile
S 15	1907 – 1910	75	4 Zyl.	100 x 110 mm	3430 ccm	28 – 32 PS	IOE-Ventile
S 16	1911 – 1925	710	4 Zyl.	95 x 120 mm	3378 ccm	32 – 39 PS	11 550–15 700 Mark
T 7	1904 – 1906	60	1 Zyl.	110 x 130 mm	1234 ccm	7,7 PS	
T 12, T 13, T 14,	1904 – 1907	60	2 Zyl.	110 x 130 mm	2468 ccm	12 – 17 PS	
T 20	1911 – 1920	77	4 Zyl.	194 x 130 mm	4380 ccm	40 – 45 PS	
T 24	1904 – 1905	5	4 Zyl.	110 x 130 mm	4920 ccm	24 PS	Kettenantrieb
T 25	1906 – 1910	86	4 Zyl.	110 x 130 mm	4920 ccm	36 – 38 PS	
				117,5 x 150 mm	6502 ccm	45 PS	Kettenantrieb
U 30, U 35	1907 – 1910	50	4 Zyl.	120 x 150 mm	6782 ccm	55 PS	
				125 x 150 mm	7320 ccm	65 PS	
UR 35	1908	2	4 Zyl.	125 x 150 mm	7320 ccm	75 PS	Rennwagen?
R 8	1908 – 1916	650	4 Zyl.	74,5 x 90 mm	1558 ccm	14 – 16 PS	
R 9	1912 – 1915	175	4 Zyl.	74,5 x 110 mm	1905 ccm	21 PS	
R 10	1914 – 1923	500	4 Zyl.	74,5 x 120 mm	2078 ccm	22 – 24 PS	8 100–11 200 Mark
R 12	1910 – 1921	553	4 Zyl.	87 x 110 mm	2598 ccm	22 – 30 PS	10 300–14 300 Mark
R 16	1905 – 1908	3	4 Zyl.	105 x 130 mm	4470 ccm	20 PS	
D 1 (R 5)	1915 – 1923	404	4 Zyl.	65 x 98 mm	1292 ccm	5/14 PS	
U 1 (20)	1914 – 1924	78	4 Zyl.	100 x 165 mm	5148 ccm	55 PS	17 600–22 000 Mark
G 1 – G 7	1921 – 1927	2300	4 Zyl.	70 x 102 mm	1559 ccm	18 – 30 PS	G 5 = Sportwagen
H 1	1925 – 1926	6	4 Zyl.	54 x 84 mm	763 ccm	12 – 15 PS	Versuch
P 1	1925	4	6 Zyl.	70 x 102 mm	2341 ccm	36 PS	Versuch
P 2	1926	4	6 Zyl.	80 x 118 mm	3518 ccm	60 PS	Versuch
PP 3	1926 – 1927	16	4 Zyl.	70 x 102 mm	1559 ccm	24 PS	6/24 PS mit Pulsgetr.
P 4 (Cyklon)	1927 – 1928	75	6 Zyl.	70 x 102 mm	2350 ccm	9/40 PS	

Oben links:
Dixi T 7 Coupé
Preis ca. 4200 Mark
1905

Oben rechts:
Dixi S 14 Landaulet
4 Zylinder, 2,8 Liter
1907

Dixi S 15 Tourenwagen
4 Zylinder, 3,4 Liter
32 PS, 75 km/h
1910

Dixi R 10 Tourenwagen
4 Zylinder, 2,1 Liter
1914

Liter-Vierzylinder-Motor und nun auch hier mit Kardanantrieb. Diese Ausführung war der größte jemals angebotene Dixi.

1908 brachte die Fahrzeugfabrik Eisenach mit dem 6/14 PS Typ R 8 den ersten Dixi mit einem kleinen 1,5 Liter-Vierzylinder-Motor auf den Markt. Mit ihm und den folgenden R-Typen gelangte das Werk erstmalig zu eindrucksvolleren Produktionsergebnissen, was freilich nicht allein an der marktgerechten Machart dieser Autos lag, sondern auch am in der Zwischenzeit erfolgten Ausbau der Fabrikationsanlagen. 1914 hatte man eine Herstellungskapazität von 300 bis 400 Automobilen pro Jahr erreicht.

Seit der Verselbständigung der Firma gab es, wenn vorerst auch nur in sehr geringer Zahl, die sogenannten Eisenach-Lastwagen. Ab 1910 verstärkte man deren Produktion, nannte sie ebenfalls »Dixi« und baute vor allem die 4 bis 5 Tonner-Heerestype mit Kettenantrieb, die auf dem Luxuswagen des Typs U 30 basierte. Über 16 Jahre lang hat es Dixi Lastwagen gegeben. 1909 wurde als weiterer Produktionszweig der Bootsmotorenbau aufgenommen und im gleichen Jahr die Entwicklung eines Luftschiffmotors abgeschlossen. Um 1905 wurde zeitweise auch ein elektrisch angetriebener Landauer angeboten, und ein Wagen mit Dampfantrieb, 1910 konstruiert, kam über das Versuchsstadium nicht hinaus.

Dixi Personenwagen-Produktion 1904 bis 1929

		1899–1903	1904	1905	1906	1907	1908	1909	1910	1911	1912	1913	1914
Wartburg	**ca. 265**	ca. 250	1	1	2	9	2						
Dixi													
J 24	**9**		6	2	–	–	1						
COS	**120**		30	49	37	3	1						
S 6	**18**		6	12									
S 12, S 13, S 14	**110**		25	32	30	23							
S 15	**75**					8	22	20	25				
S 16	**710**										7	37	32
T 7	**60**		13	36	6	2	2	1					
T 12, T 13, T 14	**60**		1	24	18	10	1	–	2				
T 20	**77**									12	14	14	19
T 24	**5**		1	4									
T 25	**86**				17	30	24	12	3				
U 30, 35	**50**					16	16	7	11				
UR 35	**2**						2						
R 8	**650**						57	149	116	121	100	49	43
R 9	**175**										55	83	33
R 10	**500**												34
R 12	**553**								51	69	83	57	69
R 16	**3**			2	–	–	1						
R 5 (D 1)	**404**												
U 1 (20)	**78**												2
G 1 – G 7	**2300**												
H 1	**6**												
P 1	**4**												
P 2	**4**												
PP 3	**16**												
P 4 (Cyklon)	**75**												
3/15 PS	**9407**												
	15822	**ca. 250**	**83**	**162**	**110**	**101**	**129**	**189**	**208**	**206**	**259**	**240**	**232**

Nach dem ersten Weltkrieg konnte die Herstellung von Automobilen weitergeführt werden. Als Kühlerfigur und als Markenzeichen über dem Schriftzug »Dixi« zierte sie ab 1919 ein laufender Centaur mit fliegender Mähne. Doch der Wegfall des Hauptgeschäftes, der Heereslieferungen, bereitete Sorgen. Die Rettung versprach man sich von dem im Juni 1921 erfolgten Zusammenschluß mit der »Gothaer Waggonfabrik AG.«, wobei aus der Fahrzeugfabrik Eisenach die Dixi-Werke wurden. Nun war aber auch die Gothaer Waggonfabrik nicht viel gesünder, denn sie hatte auf den im Weltkrieg mächtig ausgeweiteten Flugzeugbau verzichten müssen. So geriet sie bald samt den Dixi-Werken unter die Kontrolle des berüchtigten Börsenspekulanten Jacob Schapiro (geb. 1885 in Odessa), der auch bei NSU, Cyklon, Schebera, Hansa und Benz maßgeblichen Einfluß ausübte. Die Dixi-Werke arbeiteten jahrelang mit zufriedenstellendem Ergebnis, sahen sich aber 1926 infolge des nachlassenden Verkaufs ihres nicht mehr dem Markt entsprechenden Einheitstyps erneut in Schwierigkeiten. 1927 gab man die Herstellung von Fahrrädern auf, um sich von un an hauptsächlich dem Kleinwagenbau zu widmen. Dies wird zwar konsequent bewerkstelligt, kostet aber zu viel Geld. Per 1. Oktober 1928 stößt Schapiro die zwar inzwischen modern eingerichteten, nun aber auch völlig überschuldeten Dixi-Werke (etwa 1200 Beschäftigte) an BMW ab.

	1915	**1916**	**1917**	**1918**	**1919**	**1920**	**1921**	**1922**	**1923**	**1924**	**1925**	**1926**	**1927**	**1928/29**
	21	–	–	3	64	75	112	126	106	93	34			
	–	–	–	–	12	6								
	9	6												
	4													
	6	26	–	–	40	93	125	99	77					
	7	–	–	–	77	80	60							
	2	1	–	–	53	99	110	92	47					
	–	–	–	–	2	4	8	8	25	29				
							10	132	232	498	823	520	85	
											6			
											4			
												4		
												1	15	
														75
													142	9265
	49	**33**	**–**	**3**	**248**	**357**	**425**	**457**	**487**	**620**	**867**	**525**	**242**	**9340**

Der größte Dixi, den es jemals gab, war der Typ U 35, hier als luxuriöse Reise-Limousine. Baujahr 1910. Höchstgeschwindigkeit 85 km/h. Karbid- und Kerzenbeleuchtung.

Ein zu seiner Zeit recht beliebter Mittelklasse-Wagen war der Dixi R 12, hier als Doppel-Phaeton von 1911. Das Fahrgestell kostete 7500 Mark.

Dieses Inserat der Fahrzeugfabrik Eisenach erschien im Januar 1919. Kennzeichen aller Nachkriegsausführungen früherer Dixi-Modelle: Der Spitzkühler mit abgeflachter Nase.

Dixi S 16, ein schwerer Tourenwagen mit 3,4 Liter Vierzylinder-Motor, Baujahr etwa 1922.

Dixi 6/18 und 6/24 PS (1921–1928)

Die Dixi-Werke bauten bis 1924/25 noch mehrere aus der Zeit vor dem ersten Weltkrieg stammende Typen, nämlich den nicht sehr gut verkäuflichen 5/14 PS (D 1), den 8/24 PS (R 10), den 13/39 PS (S 16) und schließlich den 20/55 PS (U 1), der den Motor des gleichzeitig gebauten Lastwagens besaß. Zwar versuchte man diese Fahrzeuge mit modischen Karosserien aufzuwerten, doch technisch und leistungsmäßig waren sie veraltet, was ihre Ablösung durch die neuen G-Typen notwendig machte.

1921 erschien der 1,6 Liter 6/18 PS Typ G 1, aus dem schon 1923 der 6/24 PS Typ G 2 entstand. Dieser Wagen, vom Technischen Direktor Leonhard C. Graß ziemlich aufwendig entworfen, zeichnete sich sowohl durch eine gewisse Sportlichkeit als auch durch Zuverlässigkeit und Wirtschaftlichkeit im Alltagsbetrieb aus. So fand der Dixi trotz seines relativ hohen Preises recht guten Anklang. Für den Motorsport gab es Ausführungen mit 30 bis 36 PS (Typ G 5), ja, ein paar Wagen waren sogar als Renn-Einsitzer hergerichtet. Tatsächlich beruhten die Beliebtheit und das Ansehen der Dixi-Wagen auch auf den zahlreichen Sporterfolgen, die zu jener Zeit noch für den Verkauf eines normalen Serienautomobils sehr förderlich, manchmal sogar unerläßlich waren.

Zur Automobil-Ausstellung im Herbst 1923 stellten die Dixi-Werke einen G 1 als Stromlinienwagen vor, dessen Aufbau Paul Jaray entworfen hatte. Um die Fortschrittlichkeit des »Walfisch«, wie ihn die Leute nannten, besonders zu betonen, war er mit einem selbstschaltenden Planetengetriebe ausgestattet worden, einer Erfindung des Ingenieurs Erich Friedrich Puls. Der lichtblau lackierte Wagen wurde viel bestaunt, fast jede Zeitung brachte sein Bild, doch kaufen wollte ihn niemand. So blieb es bei dem einzigen Musterexemplar.

Durch Zufügung von zwei weiteren Zylindern an den G-Motor entstand der Sechszylinder Typ P 1 mit 2341 ccm Hubraum. Da seine Leistung nicht genügte, entwickelte man den 13/60 PS Sechszylinder. Sein 3,5 Liter-Motor mit 7 Kurbelwellenlagern erreichte seine Höchstleistung bei 2500 U/min. 4 Versuchswagen dieses Typs wurden gebaut, von denen einer als luxuriös ausgestattete Sechssitzer-Limousine auf der Berliner Automobil-Ausstellung 1926 zwar höflichen Beifall, aber wenig Kaufinteresse fand. Der 1700 kg schwere Wagen lief maximal 85 km/h, was wiederum als Qualifikation wenig überzeugte. Ein noch größerer 23/70 PS 5,8 Liter-Prototyp gelangte nicht mehr zur Produktionsreife.

Doch von den G-Typen wurden immerhin 2300 Stück gebaut und verkauft.

Dixi 6/24 PS Typ G 2
Droschken-Landaulet
1923–1928

	Dixi 6/18 PS Typ G 1 1921 – 1923	Dixi 6/24 PS Typ G 2 1923 – 1928
Motor		
Zylinderzahl	4 (Reihe)	4 (Reihe)
Bohrung x Hub	70 x 102 mm	70 x 102 mm
Hubraum	1568 ccm	1568 ccm
Leistung	18 PS bei 2000 U/min	24 PS bei 2200 U/min
Verdichtung		1 : 5,2
Vergaser	1 Spritzvergaser Dixi	1 Flachstromvergaser Zenith
Ventile	Seitlich stehend Seitliche Nockenwelle Antrieb durch Kette	Seitlich stehend Seitliche Nockenwelle Antrieb durch Kette
Kurbelwellenlager	3	3
Kühlung	Thermosyphon	Thermosyphon
Schmierung	Druckumlauf	Druckumlauf
Batterie	12 Volt	12 Volt
Kraftübertragung	Antrieb auf Hinterräder	Antrieb auf Hinterräder
Kupplung	Konuskupplung	Konuskupplung
Schaltung	Schalthebel außen rechts	Schalthebel innen rechts
Getriebe	4 Gang	4 Gang
Übersetzungen	I. 4,37 II. 2,64 III. 1,59 IV. 1,00	I. 4,305 II. 2,706 III. 1,631 IV. 1,00 Auf Wunsch: Halbautomatisches Planetengetriebe (Puls) Vorwählschaltung auf Lenkrad I. 3,55, II. 2,16, III. 1,00
Antriebs-Übersetzung	4,50	4,50
Fahrwerk	Preßstahl-Rahmen	Preßstahl-Rahmen
Vorderradaufhängung	starr, Halbfedern	starr, Halbfedern
Hinterradaufhängung	starr, Ausleger-Halbfedern	starr, Ausleger-Halbfedern
Lenkung	Spindel, rechts	Spindel, rechts
Fußbremse	Mechanisch, Antriebswelle, Außenbacken	Bis 1925: Mechanisch, Antriebswelle, Außenbacken Ab 1925: Mechanisch, 4 Räder, Innenbacken
Handbremse	Mechanisch, Hinterräder	Mechanisch, Hinterräder
Allgemeine Daten		
Radstand	2840 mm	2840 mm
Spur vorn/hinten	1150/1150 mm	Bis 1925: 1150/1150 mm Ab 1925: 1240/1226 mm
Gesamtmaße		4200 x 1500 x 1780 mm
Räder	Drahtspeichen	Drahtspeichen
Reifen	710 x 100 mm	Bis 1925: 760 x 100 mm Ab 1925: 30 x 5,25 Niederdruck
Fahrgestellgewicht	630 kg	860 kg
Wagengewicht	Phaeton 900 kg	Phaeton 1150 kg Limousine 1280 kg
Zuläss.Gesamtgewicht	Phaeton 1380 kg	Phaeton 1450 kg Limousine 1580 kg
Höchstgeschwindigkeit	65 km/h	75 km/h
Verbrauch/100 km	9 Liter	10 Liter
Kraftstofftank	? Liter (im Motorraum)	45 Liter (im Heck)
Preise		
Phaeton 3 Türen		RM 6800,–
Limousine 3 Türen		RM 7800,–

Dixi 6/18 PS Typ G 1
Limousine 1921

Dixi 6/24 PS Typ G 2
Phaeton 1924

Dixi 6/24 PS Typ G 2
Limousine 1926

Dixi 6/18 PS Typ G 1
Stromlinien-Limousine
Karosserie Gläser
(Entwurf Paul Jaray)
Prototyp 1923

Dixi Typ P 2
6 Zyl., 3,5 Liter, 13/60 PS
Prototyp 1926

Dixi 9/40 PS (1928)

Die Cyklon-Automobilwerke in Mylau/Vogtland, einst durch den im früheren Berliner Werk hergestellten Cyklonette-Dreiradwagen bekannt geworden, hatte Jacob Schapiro im Jahr 1922 übernommen und gleichfalls der von ihm kontrollierten Waggonfabrik Gotha angegliedert. Er ließ bei Cyklon jahrelang die Fahrgestelle für das Schebera-Kleinauto bauen, das sich jedoch nur schlecht verkaufen ließ. So entschloß man sich, bei Cyklon einen völlig neuen Wagen unter eigener Marke herauszubringen.

Es kam im Herbst 1927 der Cyklon 9/40 PS, konstruiert von Direktor Dr. Eisner. Der Wagen machte in Form und Technik einen ansprechenden Eindruck. Da die Dixi-Werke dringend einen modernen Nachfolger für den 6/24 PS brauchten, übernahmen sie den Cyklon 9/40 PS in das eigene Verkaufsprogramm. Die Endmontage fand überwiegend bei der Gothaer Waggonfabrik, zum geringen Teil aber auch in Eisenach statt. Obwohl dieser nun billigste Sechszylinder auf dem deutschen Markt ein guter Wagen war, fand er nur mäßigen Absatz. Insgesamt werden schätzungsweise sicherlich keine 1000 Wagen ausgeliefert worden sein. Limousine und offener Tourenwagen besaßen die gleichen Karosserien von Ambi-Budd wie der Adler Standard 6. Außerdem gab es ein Cabriolet (Karmann) und einen Roadster. Nach dem Verkauf der Dixi-Werke an BMW wurde der Sechszylinder-Wagen wieder nur noch von den Cyklon-Werken angeboten, was aber mangels einer leistungsfähigen Händlerorganisation wenig Sinn hatte. Cyklon brachte Ende 1929 noch einen kleineren 1,8 Liter-Sechszylinder heraus, von dem aber auch nur mehr ein paar Stück gebaut wurden. 1931 ist die Firma erloschen.

Dixi 9/40 PS
Tourenwagen 4 Türen
Karosserie Ambi-Budd
1928

Dixi 9/40 PS
Limousine 4 Türen
Karosserie Ambi-Budd
1928

Dixi 9/40 PS
Cabriolet 2 Fenster
Karosserie Karmann
1928

Dixi 3/15 PS (1927–1929)

Mitte der zwanziger Jahre entwickelte man bei Dixi nicht nur drei große Wagen, aus denen nichts wurde, sondern auch einen kleinen. 1925/26 entstand der dreisitzige 3/12 PS Typ H 1 (»Diana«) mit 763 ccm-Motor, der sich aber wegen seiner Kompliziertheit nicht für ein preisgünstiges Serienprodukt eignete. Das Werk geriet in Zeitnot, weil ein Bankkredit für die bereits eingeleitete Produktionsumstellung auf größere Stückzahlen bald abgedeckt werden mußte. Deshalb befaßte man sich nicht länger mit der Eigenentwicklung eines Kleinwagens. Schapiro besorgte kurzerhand von der größten Automobilfabrik Englands die Nachbaulizenz für den Austin Seven, der dort bereits seit 1922 gebaut wurde, sich bestens bewährt hatte und zu den populärsten Kleinwagen jener Zeit gehörte.

Die Dixi-Werke ließen Anfang 1927 aus England mit der Eisenbahn 100 Original Austin kommen, die ab April mit geringen Änderungen, aber noch mit Rechtslenkung, als Dixi verkauft wurden. Die gesamten Zeichnungen und sonstigen Fertigungsunterlagen mußten ganz rasch auf metrische Maße umgearbeitet werden, und neben einigen weniger wichtigen Änderungen erhielt der Wagen eine Linkslenkung sowie Batterie- statt Magnetzündung. Beibehalten wurde der wassergekühlte, ebenso robuste wie laufruhige 750 ccm-Vierzylinder-Motor, das Getriebe und die geteilte Kardanwelle, das raffiniert einfache Fahrgestell, allerdings auch die recht abenteuerlichen Bremsen. Aber schneller als allerhöchstens 75 km/h konnte man ja sowieso nicht fahren. Die Eisenacher Produktion des Dixi 3/15 PS Typ DA 1 (DA = Dixi-Austin oder Deutsche Ausführung) begann im Dezember 1927, der offizielle Verkauf am 1. Januar 1928. Die Karosserien wurden originalgetreu im Werk Eisenach hergestellt. BMW ließ nach der Übernahme der Firma den 3/15 PS Dixi Typ DA 1 noch etwa ein halbes Jahr lang weiterlaufen, ehe im Juli 1929 der 3/15 PS BMW Typ DA 2 herauskam. Insgesamt wurden 9307 Wagen des Typs DA 1 hergestellt, mehr, als von allen früheren Dixi-Modellen zusammen. Doch der kleine Dixi 3/15 PS sollte das letzte, aber auch das berühmteste Modell unter diesem Markenzeichen werden. Noch heute, nach über 50 Jahren, läuft er in zahlreichen Exemplaren und wird, wenn überhaupt, nur zu Liebhaberpreisen abgegeben. Denn: Wer noch einen besitzt, der hat ihn lieb. Als der kleine Dixi, obwohl er sich glänzend verkaufte, ab 1929 den Namen BMW erhielt, begann ein neues Kapitel in der Geschichte des deutschen Automobilbaus.

	Cyklon 9/40 PS **Dixi 9/40 PS** **1927 – 1929**	**Dixi 3/15 PS** **Typ DA 1** **1927 – 1929**
Motor		
Zylinderzahl	6 (Reihe)	4 (Reihe)
Bohrung x Hub	70 x 102 mm	56 x 76 mm
Hubraum	2350 (Steuer 2339) ccm	748,5 (Steuer 743) ccm
Leistung	40 PS bei 3200 U/min	15 PS bei 3000 U/min
Verdichtung	1 : 5	1 : 5,6
Vergaser	1 Flachstromvergaser Zenith 26 K	1 Flachstromvergaser Zenith 22 K oder Solex
Ventile	Seitlich stehend Seitliche Nockenwelle Antrieb durch Novotext-Stirnräder	Seitlich stehend Seitliche Nockenwelle Antrieb durch Gußeisen-Stirnräder
Kurbelwellenlager	3	2
Kühlung	Thermosyphon	Thermosyphon, 5 Liter Wasser
Schmierung	Kombinierte Druck- und Tauchschmierung 8 Liter ÖL	Druckumlauf 2,5 Liter Öl
Batterie	6 V 125 Ah (unter Bodenbrett hinten links)	6 V 45 Ah (unter Vordersitz rechts)
Lichtmaschine		60 W
Kraftübertragung	Antrieb auf Hinterräder	Antrieb auf Hinterräder
Kupplung	Einscheibentrockenkupplung	Einscheibentrockenkupplung
Schaltung	Schalthebel Wagenmitte	Schalthebel Wagenmitte
Getriebe	3 Gang	3 Gang
Synchronisierung	Ohne	Ohne
Übersetzungen	I. 3,55 II. 1,87 III. 1,00	I.3,25 II. 1,82 III. 1,00
Antriebs-Übersetzung	5,50	4,90
Fahrwerk	U-Profil-Preßstahl-Rahmen	U-Profil-Rahmen
Vorderradaufhängung	starr, Halbfedern	starr, 1 Querfeder
Hinterradaufhängung	starr, Underslung-Halbfedern	starr, Ausleger-Viertelfedern
Lenkung	Schnecke, links	Schnecke, links
Fußbremse	Mechanisch (Gestänge), 4 Räder Trommel-∅ 350 mm, 40 mm breit	Mechanisch (Seilzug), Hinterräder
Handbremse	Mechanisch (Gestänge), Hinterräder	Mechanisch (Seilzug), Vorderräder
Allgemeine Daten		
Radstand	2950 mm	1905 mm
Spur vorn/hinten	1376/1376 mm	1000/1030 mm
Gesamtmaße	4350 x 1650 x 1780 mm	2800 x 1170 x 1625 mm
Räder	Scheiben	Drahtspeichen
Felgen	Wulst	Geradseit-Tiefbett
Reifen	Anfangs 30 x 5,77" Ballon, dann 775 x 145 Niederdruck	26 x 3,50" Niederdruck
Fahrgestellgewicht	900 kg	280 kg
Wagengewicht	Tourenwagen 1200 kg Limousine 1300 kg	Tourenwagen 440 kg
Zuläss. Gesamtgewicht	Tourenwagen 1650 kg Limousine 1750 kg	Tourenwagen 700 kg
Höchstgeschwindigkeit	90 km/h	75 km/h
Verbrauch/100 km	15 Liter	6 Liter
Kraftstofftank	50 Liter (im Heck)	20 Liter (im Motorraum)
Preise	Tourenwagen 4 Türen RM 5450,– Limousine 4 Türen RM 5750,– Roadster 2/2 Sitze RM 5975,– Cabriolet 4 Sitze 2 Fenster RM 7350,–	Roadster 2 Sitze RM 2750,– Tourenwagen 3/4 Sitze RM 2800,– Coupé 2 Sitze RM 3150,– Limousine 3/4 Sitze RM 3200,–

Dixi 3/15 PS (Typ DA 1) Zweisitzer offen 1928–1929

Dixi 3/15 PS (Typ DA 1) Coupé 2 Sitze 1928–1929

Dixi 3/15 PS (Typ DA 1) Tourer 3/4 Sitze 1927–1929

Dixi 3/15 PS (Typ DA 1) Limousine 3/4 Sitze 1928–1929
Besitzer: Klaus-Jürgen Mertink, Berlin-Kaulsdorf (DDR)

Dixi 3/15 PS (Typ DA 1) Cabriolet 2 Sitze 1929
Sonderaufbau einer Karosseriefirma in Gotha

Geschichte der Bayerischen Motoren Werke bis 1945 und der BMW Automobile aus Eisenach

Die Bayerischen Motoren Werke (BMW) verdanken ihre Existenz und ihren rasch erworbenen Markenruf im wesentlichen drei Männern, nämlich zwei Österreichern und einem Schwaben, deren Namen heute nur noch älteren Fachleuten geläufig sind: Dem Kommerzialrat Camillo Castiglioni, dem Generaldirektor Franz Joseph Popp (1896–1954) und dem Direktor Dr.-Ing. e. h. Max Friz (1883–1966).

Als junger Diplomingenieur kam Popp, 1896 in Wien geboren, zur AEG-Union in seiner Heimatstadt. Diese wollte bei Ausbruch des Krieges 1914 den Flugmotorenbau aufnehmen, nachdem die hierfür vor allem bei Austro-Daimler bereits bestehenden Kapazitäten nicht ausreichten. Deshalb schickte die Firma ihren Ingenieur Popp zum Studium des Flugmotorenbaus zu Daimler, zu Benz und zur NAG. Doch scheiterte die Aufnahme der Fabrikation an den fehlenden Werkzeugmaschinen. Als Popp, jetzt Reserveoffizier der österreichisch-ungarischen Marine, erneut das Fehlen geeigneter Flugmotoren erkannte, schlug er den Lizenzbau des 350 PS Austro-Daimler bei den Rapp-Motorenwerken in München vor. Diese Firma baute bereits seit 1913 Flugmotoren, die jedoch qualitativ weder der preußischen und bayerischen noch der österreichischen Heeresverwaltung genügten, wogegen sie bei der österreichischen Marine zur Einführung gelangten. Deren Leitung folgte nun Popps Vorschlag und schickte ihn selbst als Abnahmeingenieur der k.k. Marine nach München, um den Bau von 224 Austro-Daimler 350 PS-Motoren zu überwachen.

Bald freilich mußte Popp einsehen, daß weder die kaufmännische noch die technische Leitung des Werkes zur Ausführung dieses Auftrags befähigt war. Zunächst sorgte er für die Anstellung des erfahrenen Konstrukteurs Max Friz. Bald darauf gründete er mit Hilfe des aus Triest stammenden Bankkaufmanns Camillo Castiglioni, der bereits Austro-Daimler maßgeblich kontrollierte, am 20. Juli 1916 aus der Flugmaschinenfabrik Gustav Rau GmbH. und den Rapp-Motorenwerken GmbH. die »Bayerische Motorenwerke GmbH.«, wobei Rapp ausschied und Popp die Geschäftsführung übernahm. Indes stellte es sich heraus, daß der Motoren-Auftrag für die k. k. Marine in seiner Bedeutung nicht genügte, um dafür vom bayerischen Kriegsministerium Leute, Material und Werkzeugmaschinen freigestellt zu bekommen. Daher mußte die preußische Heeresverwaltung als Kunde gewonnen werden.

Bevor Max Friz zu Rapp kam, war er bei der Daimler Motoren-Gesellschaft tätig. Dort war er maßgeblich an der Konstruktion der ersten für die Militärfliegerei brauchbaren Motoren beteiligt gewesen, und ebenso hatte er am Motor des beim Großen Preis von Frankreich 1914 siegreichen Mercedes Rennwagens mitgewirkt. Er verließ die Firma, weil man dort für den von ihm vorgeschlagenen Höhenflugmotor kein Interesse zeigte, und weil man ihm überdies eine erbetene Gehaltsaufbesserung um 50 Mark abschlug. So realisierte er nun in München seine Konstruktion, die den bewährten 160 PS-Mercedes-Motor bei gleichen Einbaumaßen in der Leistung erheblich übertreffen sollte. Das gelang, und 1917 erhielt das Werk von der preußischen Heeresverwaltung einen ersten Auftrag über 200 Motoren. Man bedenke: Am 20. Mai 1917 war mit der Konstruktion des BMW IIIa begonnen worden, und bereits am 17. September 1917 lief der erste Motor ohne jeden Zwischenfall auf dem Prüfstand. Anfang November begann die Flugerprobung, die so zufriedenstellend verlief, daß der Auftrag auf 2000 Motoren erhöht wurde.

Weil die Mittel der GmbH. für die Abwicklung so umfangreicher Geschäfte nicht ausreichten, wurde sie am 13. August 1918 in eine mit 12 Millionen Mark Stammkapital ausgestattete Aktiengesellschaft umgewandelt. Dem ersten Aufsichtsrat der Bayerischen Motoren Werke AG. gehörten folgende Persönlichkeiten an:

Direktor Dr. H. Chr. Dietrich (Bayer. Vereinsbank, München) (Vorsitz)
Kommerzialrat Camillo Castiglioni (Wiener Bankverein)
Generaldirektor Fritz Neumeyer (Zündapp, Nürnberg)
Dr. Hjalmar Schacht (Nationalbank für Deutschland, Berlin)
Generaldirektor Wiedmann (Bayer. Hypotheken- & Wechsel-Bank, München)
Kommerzienrat Josef Böhm (Bayer. Handelsbank, München)
Direktor Paul Goldstein (Allgem. Depositenbank, Wien)
Hauptmann Dr. Joseph (Insp. d. Fliegertruppen, Berlin)

Zum Generaldirektor wurde Oberingenieur Franz Joseph Popp bestellt, Chefkonstrukteur blieb Max Friz. Am Rande des Münchener Flugplatzes Oberwiesenfeld entstanden ausgedehnte Fabrikneubauten, die zum Teil schon Anfang 1918 bezogen worden waren. Außerdem wurden BMW-Flugmotoren in Lizenz bei der Gasmotorenfabrik Deutz und bei Opel in Rüsselsheim gebaut.

Das Kriegsende im November 1918 beendete schlagartig den beispiellosen Aufstieg der jungen Firma. In nur zwei Jahren war aus den unbedeutenden und konkursreifen Rapp-Motorenwerken eine der größten Flugmotorenfabriken mit 3500 Arbeitern entstanden. Diese waren allerdings hauptsächlich noch mit der Serienherstellung älterer Baumuster beschäftigt, denn nur etwa 70 der 2000 bestellten BMW IIIa-Flugmotoren wurden ausgeliefert.

Als nach dem ersten Weltkrieg in Deutschland zunächst keine Flugmotoren mehr gebaut werden durften, konstruierte Max Friz Lastwagen-, Boots-, Stationär- und Hilfsmotoren, die alle unter dem Namen »Bayern-Motor« auf den Markt kamen. Einen 500 ccm Zweizylinder-Boxermotor verwendete Victoria sowie BMW selbst für das lizenzweise hergestellte Helios-Motorrad. Zum wichtigsten Geschäft des Werkes aber war sehr bald die Fabrikation von Knorr-Luftdruckbremsen für Eisenbahnwaggons geworden. Bald übernahm die Kunze-Knorr-Bremse-AG. alle Einrichtungen und Liegenschaften der Bayerischen Motoren Werke an der Moosacher Straße und machte aus ihrer neuen Tochter die Süddeutsche Bremsen AG. Da kaufte Castiglioni 1922 den Firmennamen »Bayerische Motoren Werke« sowie den Motorenbau samt dessen Personal, Konstruktionen, Material und Einrichtung zurück, zumal dieser Zweig für die Knorr AG. ohnehin nur einen unnützen Ballast bedeutete. Dazu erwarb Castiglioni die an der Lerchenauer Straße nahezu stilliegenden Bayerischen Flugzeugwerke AG., die bereits 1915 gegründet und am 7. März 1916 in das Handelsregister eingetragen worden war. Dieses Datum gilt inzwischen als der offizielle Gründungstag der Bayerischen Motoren Werke AG.

BMW 1926–1942
Umsatz und Belegschaft

	Umsatz	Belegschaft
1926	9 Mill. RM	1 000
1927	17 Mill. RM	1 500
1928	27 Mill. RM	2 600
1929	34 Mill. RM	3 800
1930	36 Mill. RM	3 100
1931	27 Mill. RM	2 900
1932	19 Mill. RM	2 800
1933	32Mill. RM	4 700
1934	82 Mill. RM	12 500
1935	128 Mill. RM	11 100
1936		
1937	143 Mill. RM	14 000
1938	180 Mill. RM	18 600
1939	275 Mill. RM	26 900
1940	287 Mill. RM	30 000
1941	385 Mill. RM	35 400
1942	560 Mill. RM	47 300

Der zurückgekaufte Motorenbau wurde in die Hallen des ehemaligen Flugzeugwerks verlegt, wo nun die »neuen« Bayerischen Motoren Werke mit dem Bau eines von Max Friz konstruierten Motorrades begannen. Dieses verdankte seine Entstehung nur dem Umstand, daß sich der Konstrukteur über die Verwendung seines Boxermotors in der ziemlich untauglichen Helios-Maschine geärgert hatte. 1923 erschien die aufsehenerregende BMW R 32 mit Doppelrohrrahmen, Kardanantrieb und quer eingebautem, luftgekühltem 500 ccm Zweizylinder-Boxermotor. Damit begann die ruhmreiche Geschichte der BMW Motorräder. Und 1924 setzte auch der Flugmotorenbau wieder ein.

Nächstes Ziel von Generaldirektor Popp war es nun, den Bau kompletter Kleinautos aufzunehmen. So beteiligte sich BMW zunächst an der Entwicklung eines recht unkonventionellen Wagens, den die Schwäbischen Hüttenwerke AG. (Böblingen) nach einer 1924 entstandenen Konstruktion von Dipl.-Ing. Wunibald Kamm gebaut hatten. Diesen SHW-Wagen kennzeichneten ein 1030 ccm 4/20 PS Zweizylinder-Boxermotor, Vorderradantrieb, selbsttragende Leichtmetallkarosserie und Schraubenfederung der einzeln aufgehängten Räder. Das Projekt eilte seiner Zeit weit voraus, aber es steckte noch voller Probleme. Drei Versuchsexemplare des SHW-Wagens liefen, doch ging er nie in Serie. Die Münchener nämlich ließen, letztlich gewiß sehr zu ihrem Vorteil, von diesem risikoreichen Vorhaben ab, als sich ihnen die Gelegenheit bot, die zwar hoch verschuldeten, aber gut eingerichteten Dixi-Werke zu erwerben. So konnte viel rascher und erfolgversprechender mit dem Bau eigener Automobile begonnen werden.

Nachdem zuvor das Aktienkapitel der Bayerischen Motoren Werke von 10 auf 16 Mill. RM erhöht worden war, kaufte BMW am 16. November 1928 die Dixi-Werke. Der Kaufpreis betrug 10 Mill. RM, abgedeckt in der Hauptsache durch die Übernahme von 7,8 Mill. RM Schulden. Mit Wirkung vom 1. Oktober 1928 wurden die Dixi-Werke zur Zweigniederlassung Eisenach der Bayerischen Motoren Werke AG, München.

Die Transaktion hatte im wesentlichen noch Camillo Castiglioni bewerkstelligt. Doch sein Einfluß schwand nun rasch dahin. Sein Gegenspieler hieß Dr.h.c. Emil Georg von Stauss, Direktor der Deutschen Bank (Berlin), der, wie schon bei Daimler-Benz, ab 1927 auch dem Aufsichtsrat der Bayerischen Motoren Werke vorsitzt. Er sorgt dafür, daß Castiglioni seine Beteiligung an BMW (5 Mill. RM Aktien) und an Daimler-Benz (3,4 Mill. RM Aktien) einem Bankenkonsortium unter Führung der Deutschen Bank und Danat-Bank überläßt und im Oktober 1929 aus dem Aufsichtsrat von BMW ausscheidet.

Unter Verzicht auf das übrige Programm der seitherigen Dixi-Werke beschränkte sich BMW nach deren Übernahme in Eisenach vorläufig auf die Produktion und Weiterentwicklung des kleinen 3/15 PS Wagens. Der Münchener Vorstand hatte auch das Werk Eisenach in seine Zuständigkeit einbezogen. Betriebsleiter in Eisenach aber blieb Direktor Leonhard Graß, der schon für den Entwurf des 6/24 PS Dixi verantwortlich gezeichnet hatte und der auch weiterhin im Werk »sein« Konstruktionsbüro unterhielt. Dadurch sah jedoch offenbar Direktor Max Friz seine Kompetenz geschmälert. Ein paar Jahre lang setzte er durch, daß das Münchener Konstruktionsbüro für den Eisenacher Automobilbau maßgeblich arbeitete.

Zum 1. März 1932 löste BMW vorzeitig den Lizenzvertrag mit Austin und brachte das 3/20 PS Modell heraus, dessen Karosserien im Werk Sindelfingen der Daimler-Benz AG gefertigt wurden. Doch dieses Auto, wie vorher schon die unglückliche Modifikation des 3/15 PS zeigten, daß Max Friz, befähigter Motoren- und Motorrad-Konstrukteur, kein Gespür für die Automobiltechnik besaß. So erwies es sich bald als wahrer Segen für BMW, daß das Eisenacher Konstruktionsbüro unbeirrt weitergearbeitet hatte. 1933 erschien, ohne Friz, ja sogar gegen ihn in Eisenach entwickelt, der kleine 1,2 Liter 30 PS Sechszylinder BMW 303, ein pikfein konstruiertes Wägelchen, das auf Anhieb die allgemeine Sympathie gewann. Im Sommer 1933, als die Produktion des BMW 303 bereits lief, kam Dipl.-Ing. Fritz Fiedler (vorher bei Stoewer und dann bei Horch) als Chefkonstrukteur für den Automobilbau nach Eisenach. Er prägte fortan bis 1964 Form und Technik der BMW Automobile. – Im September 1937 wird Direktor Georg Ostermeyer (früher Auto-Union und Röhr) als Betriebsleiter des Eisenacher Werks Nachfolger von Direktor Leonhard Graß.

Mit dem neuen kleinen Sechszylinder machte BMW allerdings auch den wichtigsten Personenwagenmodellen von Daimler-Benz Konkurrenz, weshalb die Zusammenarbeit beider Firmen im Automobilbau nur eine kurze Episode blieb. Beigetragen hat hierzu freilich auch, daß infolge des Konjunkturumschwunges Daimler-Benz die Produktionsmöglichkeiten seiner Werke wieder selbst voll ausnützen konnte. Jedenfalls pflegten die Stuttgarter und die Münchener – wohl vor allem im Hinblick auf die Interessenabgrenzung im Flugmotorenbau – weiterhin freundschaftliche Kontakte. Generaldirektor Dr. Wilhelm Kissel (Daimler-Benz AG.) saß ab 1932 bis zu seinem Tod im Jahre 1942 im Aufsichtsrat der Bayerischen Motoren Werke.

Über die schwierigen Krisenjahre 1930 bis 1932 kam BMW verhältnismäßig gut hinweg. Mit den Motorrädern und Kleinwagen verfügte die Firma über ein zeitgemäßes Lieferprogramm. Obwohl auch hier das Geschäft Einbußen erlitt, konnte selbst in dieser Zeit ein beträchtlicher Teil der mit den Dixi-Werken übernommenen Schulden abgedeckt werden. Ab 1933 wurden mit rasch wachsendem Anteil wieder die Flugmotoren zum wichtigsten Teil der Produktion. Immerhin aber arbeiteten 1933 von 4700 Beschäftigten der Firma 2400 für den Automobilbau. 1935 wird ein neues Flugmotorenwerk in Eisenach seiner Bestimmung übergeben, dessen Leitung Direktor Max Friz übernimmt. Als weiterer Fabrikationszweig entsteht in Eisenach 1936 der Heeresgerätebau, der Infanterie- und Pakgeschütze, Nebelwerfer und Infanteriekarren erzeugt. 1939 wurden die Brandenburgischen Motorenwerke GmbH. (Bramo) dazugekauft.

So war in den dreißiger Jahren der Automobilbau bei BMW fast zu einem Nebenzweig geworden, aber er trug sehr wesentlich zum guten Ruf und hohen Ansehen der Marke bei. Aus dem 1,2 Liter Sechszylinder BMW 303 war wenig später ein 1,5 Liter und 1935 ein 1,9 Liter-Modell geworden, aus dem wiederum der Zweiliter-BMW 326 und der 80 PS BMW 328 entstand, der beliebteste und erfolgreichste Sportwagen seiner Zeit. Kurz vor dem Krieg erschien schließlich noch der repräsentative 3,5 Liter-Typ, von dem jedoch nur mehr wenige hundert Wagen fertiggestellt werden konnten. 1941 wurde der Automobilbau eingestellt, nachdem sich ein vom Heereswaffenamt konstruierter, bei Stoewer, Hanomag und BMW gebauter 2 Liter-Geländewagen im Fronteinsatz nicht bewährte. Bis 1944 hingegen blieben die schweren Wehrmacht-Gespanne mit Seitenwagenantrieb (BMW R 75) in der Produktion.

Im September 1942 wechselte Generaldirektor Popp in den Aufsichtsrat der Bayerischen Motoren Werke AG. über. Neuer Vorstandsvorsitzer wurde Dipl.-Ing. Fritz Hille, der 1935 von Bramo zu BMW gekommen war. Popp starb 68 Jahre alt 1954 in Stuttgart.

Von Kriegsschäden blieb das Eisenacher BMW-Werk nahezu verschont. Nach Beendigung der Kampfhandlungen kam ihm der Umstand zugute, daß die Amerikaner im April 1945 Thüringen besetzten. Als diese das Land im Juni 1945 den Sowjets übergaben, hatten die Plünderungen und Verwüstungen seitens der Roten Armee bereits aufgehört. Das BMW-Werk Eisenach blieb von da an jahrelang von der Besatzungsmacht vereinnahmt. Dachorganisation war die Sowjet AG., später Staatliche AG. »Awtovelo«, die verhältnismäßig rasch wieder beachtliche Produktionsergebnisse ermöglichte, weil sie bei den Materialzuteilungen stets Vorrang genoß. Erst im Juni 1952 ging das Werk wieder in deutschen Besitz über und wurde zum »Volkseigenen Betrieb« erklärt.

Fahrgestell-Nummern der Dixi und BMW Automobile 1927–1941

Dixi 3/15 PS (DA 1)	1927	1 001 – 1 042
	1928	1 043 – 7 785
	1929	7 786 – 10 308
BMW 3/15 PS (DA 2)	1929	10 309 – 15 658
	1930	15 659 – 19 908
	1930	20 009 – 21 008
	1930	21 059 – 22 450
	1931	22 451 – 22 597
BMW Wartburg (DA 3)	1930	19 909 – 20 008
	1930	21 009 – 21 058
BMW 3/15 PS (DA 4)	1931	22 598 – 25 776
	1932	25 777 – 26 256
BMW 3/20 PS (AM 1, AM 3)	1932/33	30 001 – 32 500
BMW 3/20 PS (AM 4)	1933/34	32 501 – 37 215
BMW 303	1933	45 000 – 46 300
	1934	46 301 – 47 300
BMW 315 und 315/1	1934	47 301 – 50 690
	1935	50 691 – 52 000
	1935	66 001 – 68 395
	1936	68 396 – 70 785
	1937	70 786 – 71 065
BMW 309	1934	60 001 – 63 658
	1935	63 659 – 65 538
	1936	65 539 – 66 000
BMW 319 und 319/1	1935	53 001 – 56 095
	1935	56 201 – 56 423
	1936	56 424 – 59 466
	1937	59 467 – 59 703

BMW 329	1936/37	86 001 – 87 179
BMW 320 (1911 ccm)	1937	90 001 – 90 642
BMW 320 (1971 ccm)	1937	90 643 – 91 539
	1938	91 540 – 94 185
BMW 321	1939	94 186 – 97 246
	1940/41	97 247 – 97 882
BMW 326	1936	75 001 – 77 069
	1937	77 070 – 82 099
	1938	82 100 – 85 000
	1938	110 001 – 111 867
	1939	111 868 – 114 999
	1940/41	115 000 – 115 894
BMW 327 (55 PS)	1937	73 001 – 73 014
	1938	73 015 – 73 761
	1939	73 762 – 74 130
	1940	74 131 – 74 200
	1940/41	87 201 – 87 376
BMW 327/28 (80 PS)	1938	74 201 – 74 339
	1939	74 340 – 74 755
	1940	74 756 – 74 770
BMW 328	1937	85 001 – 85 173
	1938	85 174 – 85 329
	1939	85 330 – 85 464
BMW 335	1936	100 001
	1938	100 002 – 100 004
	1939	100 005 – 100 305
	1940	100 306 – 100 390
	1941	100 391 – 100 410

Der Automobilbau in Eisenach lief wieder ab Oktober 1945. Zunächst wurde der BMW 321 jahrelang weitergeliefert, dann kam in geringer Stückzahl der BMW 327 hinzu, und schließlich folgte der aus dem Typ 326 abgeleitete EMW 340. Dessen Produktion wurde 1955 eingestellt, weil man von da an die volle Kapazität des Werkes für die Fertigung des DKW-Abkömmlings IFA F 9 ausnützen wollte, die bereits im Sommer 1953 nach Eisenach verlegt worden war. Auch heute noch liefern die Eisenacher Motoren Werke als zweitgrößte Automobilfabrik der DDR den Wartburg Personenwagen mit Dreizylinder-Zweitaktmotor und Frontantrieb. Doch der Versuch, an der lebendig gebliebenen BMW-Tradition teilzuhaben, war 1955 mit dem Ende des BMW 340 aufgegeben worden.

Auf Antrag der Bayerischen Motoren Werke AG., München, wurde am 11. Oktober 1949 deren Zweigniederlassung Eisenach für aufgelöst erklärt. Damit standen Namen und Markenzeichen BMW nur mehr dem Münchener Stammwerk zu. Doch Awtovelo benutzte sie noch bis Ende 1951, was bei Lieferungen in westliche Exportländer kuriose Manipulationen notwendig machte. Erst die Umbenennung in Eisenacher Motoren Werke (EMW) schaffte dieses Problem aus der Welt.

Produktion
BMW Automobile 1929–1941

	3/15 PS	3/20 PS	303	309	315	319	329
1929	5350						
1930	6792						
1931	3326						
1932	480	2406					
1933		4453	1386				
1934		356	914	3658	3390	4	
1935				1880	3705	3139	
1936				462	2390	3265	621
1937					280	238	558
Gesamtzahl	**15948**	**7215**	**2300**	**6000**	**9765**	**6646**	**1179**

	320	321	326	327	327/328	328	335
1936	7		2098			3	1
1937	1518		4939	14		171	
1938	2660	55	4705	746	132	164	3
1939		3073	3313	370	427	126	301
1940		490	776	140	10		85
1941		79	118	36			20
Gesamtzahl	**4185**	**3697**	**15949**	**1306**	**569**	**464**	**410**

BMW 3/15 PS (1929–1932)

BMW baute nach dem Erwerb des Eisenacher Werks den kleinen Dixi 3/15 PS (Typ DA 1) noch eine Zeitlang weiter. Man ersetzte lediglich die ovale Kühlerplakette durch en dreieckiges Dixi-Markenzeichen. Mitte April 1929 wurden die Preise für den Tourenwagen auf 2200 RM, für den offenen Zweisitzer auf 2500 RM herabgesetzt, außerdem Teilzahlung in 24 Monatsraten von 93 bis 107 RM ermöglicht. Die letzten Original-Dixi gab man 1930 für 1750 RM ab.

Dem Dixi 3/15 PS (Typ DA 1) folgte im Juli 1929 der BMW 3/15 PS (Typ DA 2). Werbespruch: Innen größer als außen! Er unterschied sich vom Vormodell nicht nur durch das Markenzeichen und anderen Kühler, sondern vor allem durch ordentliche Vierradbremsen und den Fortfall der Trittbretter zugunsten eines breiteren Aufbaus. Eine neue Ganzstahlkarosserie für die Limousine, hergestellt von Ambi-Budd (Berlin), glich im Aussehen dem französischen Rosengart (ebenfalls ein Lizenz-Nachbau des Austin Seven). Weitere Merkmale der neuen Limousine waren Kurbel- statt Schiebefenster in den Türen, große Heckscheibe, verstellbare Vordersitze und Scheibenblenden an den Drahtspeichenrädern. Weiterhin in Eisenach gefertigt wurden die beiden offenen Modelle, von jetzt an aber in Leichtbauweise mit Kunstlederbezug sowie mit einsteckbaren Zelluloidscheiben.

Ab 1930 gab es den Typ DA 2 auch als Zweifenster-Cabriolet mit 3/4 Sitzen, Karosserie in Holz-Stahl-Bauweise mit Kunstlederbezug des Innenraumes. Ferner wurde ein Kasten-Lieferwagen angeboten (250 kg Nutzlast, 1,75 m^2 Ladefläche, 0,75 m^3 Laderaum). Von den laut Statistik ausgelieferten Fahrgestellen dürfte nur ein geringer Teil mit Sonderkarosserien versehen worden sein, während es sich überwiegend vermutlich um Fahrzeuge für die Reichswehr gehandelt haben wird.

Ab 15. Februar 1931 erhielt der BMW 3/15 PS (Typ DA 4) eine vordere »Schwingachse«, deren primitive Bauart (ohne Parallelführung der gelenkten Vorderräder!) die Fahreigenschaften verschlechterte statt verbesserte. Karosserielinien modernisiert. Limousine unter Verzicht auf den kleinen Kofferraum am Heck innen um 20 cm verlängert, so daß jetzt 4 Erwachsene Platz (wenn auch kaum den nötigen Raum) fanden.

Zusätzlich gab es 1930 den BMW Wartburg (Typ DA 3) mit sehr nett aussehender, im Werk hergestellter Zweisitzer-Bootsheck-Karosserie aus Leichtmetall, umlegbarer und splitterfreier Windschutzscheibe, höherer Motorleistung, Bosch-Stoßdämpfern und zwecks Tieferlegung gekröpfter Vorderachse. Die dubiose Schwingachse, bei den 1931er-Modellen eingeführt, blieb ihm erspart. Der kleine Sportwagen war bei vielen Rennen seiner Klasse erfolgreich.

Erwähnt sei in diesem Zusammenhang, daß von etwa 1932 bis etwa 1937 die Firma Gebrüder Jhle Karosseriebau (Bruchsal) bei zahlreichen (sicherlich ein paar Hundert) gebrauchten Dixi und BMW 3/15 PS die Serienkarosserie durch niedlich aussehende Sport-Zweisitzer-Aufbauten ersetzte. Der Umbau kostete etwa 1200 RM.

Geliefert wurden bis Frühjahr 1932 insgesamt 25356 Dixi und BMW 3/15 PS, die sich wie folgt aufgliedern:

	Dixi (Austin)	Dixi DA 1		BMW DA 2	BMW Wartburg DA 3	BMW DA 4	BMW AM 1–4
	1927	1927	1928–1929	1929–1931	1930	1931–1932	1932–1934
Zweisitzer offen	5	–	1727	1387	150	475	405
Tourenwagen offen	80	42	4831	1834	–	175	252
Limousine 2 Türen	5	–	1879	6600	–	2575	5055
ds. mit Sonnendach	–	–	–	120	–	–	800
Coupé 2 Sitze	–	–	674	–	–	210	–
Cabriolet 2 Sitze	–	–	–	300	–	–	11
Cabriolet 4 Sitze	–	–	–	1374	–	–	471
Lieferwagen	10	–	19	435	–	–	53
Fahrgestell	–	–	136	268	–	45	168
	100	**42**	**9266**	**12318**	**150**	**3480**	**7215**

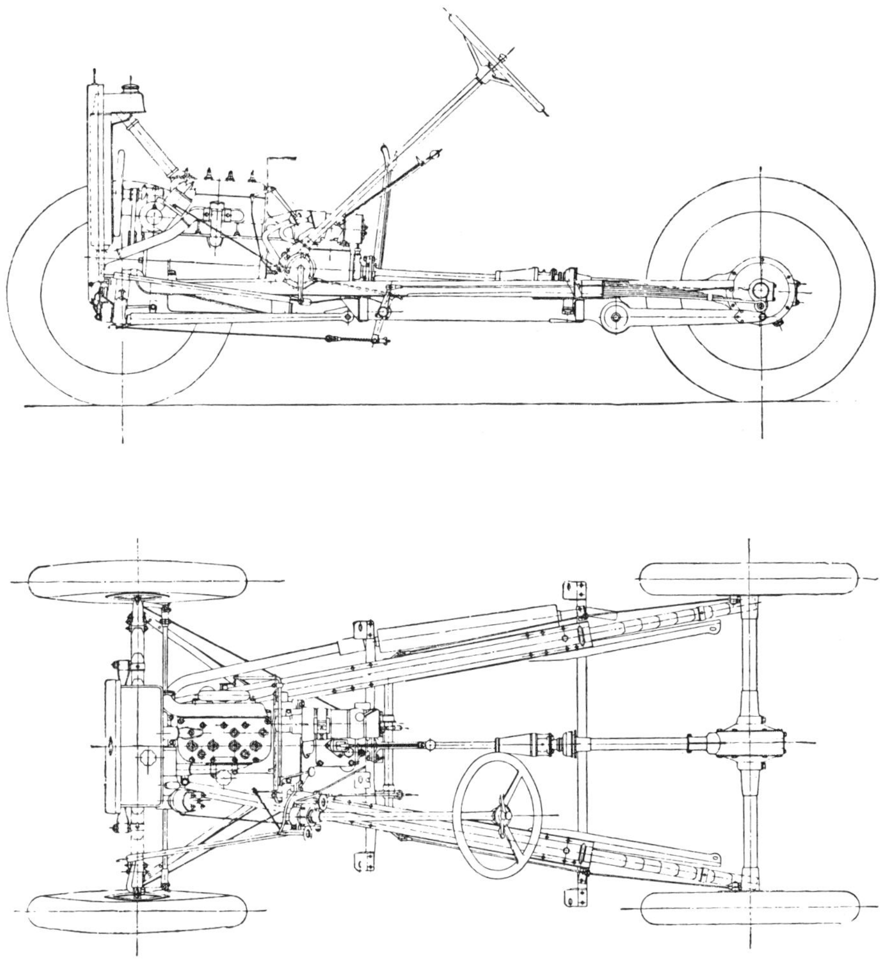

BMW 3/15 PS (Typ DA 2) Fahrgestell

Preise BMW 3/15 PS	BMW DA 2		BMW Wartburg DA 3	BMW DA 4
	1929	1930/31	1930/31	1931/32
Zweisitzer offen	RM 2200,–	RM 2175,–	RM 3100,–	RM 2175,–
Tourenwagen 3/4 Sitze	RM 2200,–	RM 2175,–	–	RM 2175,–
Limousine 3/4 Sitze*)	RM 2500,–	RM 2475,–	–	RM 2475,–
Sonnenschein-Limousine 3/4 Sitze*)	–	RM 2625,–	–	–
Coupé 2 Sitze	–	–	–	RM 2575,–
Cabriolet 2 Sitze	–	–	–	RM 2625,–
Cabriolet	–	RM 2625,–	–	RM 2675,–
Lieferwagen	–	RM 2400,–	–	RM 2350,–
Fahrgestell				RM 1900,–
*) Radverblendscheiben	+ RM 50,–	+ RM 50,–		

BMW 3/15 PS (Typ DA 2) Limousine 3/4 Sitze 1929–1931

BMW 3/15 PS (Typ DA 2) Tourer 3/4 Sitze 1929–1931

BMW 3/15 PS (Typ DA 2) Zweisitzer offen 1929–1931

BMW 3/15 PS (Typ DA 2) Kasten-Lieferwagen 1929–1931

BMW 3/15 PS (Typ DA 2) Cabriolet 2 Sitze 1930–1931

BMW 3/15 PS (Typ DA 2) Cabriolet 3/4 Sitze 1930–1931

BMW 3/15 PS (Typ DA 4) Limousine 4 Sitze 1931–1932

BMW 3/15 PS (Typ DA 4) Coupé 2 Sitze 1931–1932

BMW Wartburg (Typ DA 3) Sport-Zweisitzer 1930

BMW/Jhle Sport-Zweisitzer 1933–1937

	BMW 3/15 PS Typ DA 2: 1929 – 1931 Typ DA 4: 1931 – 1932	BMW Wartburg Typ DA 3 1930 – 1931	BMW 3/20 PS AM 1 und AM 3: 1932 – 1933 Typ AM 4: 1933 – 1934
Motor			
Zylinderzahl	4 (Reihe)	4 (Reihe)	4 (Reihe)
Bohrung x Hub	56 x 76 mm	56 x 76 mm	56 x 80 mm
Hubraum	748,5 (Steuer 743) ccm	748,5 (Steuer 743) ccm	782 ccm
Leistung	15 PS bei 3000 U/min	18 PS bei 3500 U/min	20 PS bei 3500 U/min
Verdichtung	1:5,6	1:7	1:5,6
Vergaser	1 Flachstromvergaser Solex	1 Flachstromvergaser Solex	1 Flachstromvergaser Solex
Ventile	Seitlich stehend Seitliche Nockenwelle Antrieb durch Gußeisen-Stirnräder	Seitlich stehend Seitliche Nockenwelle Antrieb durch Gußeisen-Stirnräder	Hängend Stoßstangen und Kipphebel Seitliche Nockenwelle Antrieb durch Duplex-Kette
Kurbelwellenlager	2	2	2
Kühlung	Thermosyphon, 5 Liter Wasser	Thermosyphon, 5 Liter Wasser	Pumpe, 7,5 Liter Öl
Schmierung	Druckumlauf, 2,5 Liter Öl	Druckumlauf, 2,5 Liter Öl	Druckumlauf, 2,5 Liter Öl
Batterie	6 V 45 Ah (unter Vordersitz rechts)	6 V 45 Ah (unter Vordersitz rechts)	6 V 45 Ah
Lichtmaschine	60 W	60 W	60 W
Kraftübertragung	Antrieb auf Hinterräder	Antrieb auf Hinterräder	Antrieb auf Hinterräder
Kupplung	Einscheibentrockenkupplung	Einscheibentrockenkupplung	Einscheibentrockenkupplung
Schaltung	Schalthebel Wagenmitte	Schalthebel Wagenmitte	Schalthebel Wagenmitte
Getriebe	3 Gang	3 Gang	1932/33: 3 Gang 1933/34 4 Gang
Synchronisierung	Ohne	Ohne	Ohne Ohne
Übersetzungen	I. 3,25 II. 1,82 III. 1,00	I. 3,25 II. 1,82 III. 1,00	1932/33: I. 4,00 II. 1,82 III. 1,00 1933/34: I. 4,30 II. 2,64 III. 1,62 IV. 1,00
Antriebs-Übersetzung	5,35	5,35	5,90 5,85
Fahrwerk	U-Profil-Rahmen	U-Profil-Rahmen	Zentralkasten-Niederrahmen
Vorderradaufhängung	starr, 1 Querfeder Typ DA 4: achslos, 1 Querfeder	starr, 1 Querfeder (gekröpfte Vorderachse)	achslos, 1 Querfeder
Hinterradaufhängung	starr, Ausleger-Viertelfedern	starr, Ausleger-Viertelfedern	Pendelachse, 1 Querfeder
Lenkung	Schnecke	Schnecke	Schnecke
Fußbremse	Seilzug auf 4 Räder	Seilzug auf 4 Räder	Seilzug auf 4 Räder
Handbremse	Seilzug auf Vorderräder	Seilzug auf Vorderräder	Seilzug auf Hinterräder
Schmierung	Nippel	Nippel	Nippel
Allgemeine Daten			
Radstand	1905 mm	1905 mm	2150 mm
Spur vorn/hinten	1000/1030 mm	1000/1030 mm	1100/1100 mm
Gesamtmaße	3000 x 1275 x 1625 mm	3100 x 1150 x 1300 mm	3200 x 1420 x 1550 mm
Räder	Drahtspeichen Limousine: Scheibenblenden	Drahtspeichen	Scheiben
Felgen	Halbflachfelgen	Halbflachfelgen	Tiefbett 2,75 D x 17
Reifen	27 x 4" Ballon Typ DA 4: 4,00 – 18	26 x 3,50 "Ballon oder 4,00 – 18	4,50 – 17
Wendekreis			10 Meter
Fahrgestellgewicht	300 kg	300 kg	475 kg
Wagengewicht	Zwei- und Dreisitzer offen: 470 bzw. (DA 4) 485 kg Limousine und Cabriolet: 535 bzw. (DA 4) 550 kg	Sportwagen 410 kg	Limousine 650 kg
Zuläss. Gesamtgewicht	800 kg		940 kg
Höchstgeschwindigkeit	75 km/h	85 km/h	80 km/h
Verbrauch/100 km	6 Liter	6,5 Liter	7,5 Liter
Kraftstofftank	20 Liter (im Motorraum)	20 Liter (im Motorraum)	25 Liter (im Motorraum)

BMW 3/20 PS (1932–1934)

Per 1. März 1932 hatte BMW vorzeitig den Lizenzvertrag mit Austin gekündigt. Direktor Max Friz wollte von nun an Automobile eigener Konstruktion bauen lassen. Man arbeitete an einem Wagen mit Frontantrieb und Zweizylinder-Zweitaktmotor, der aber nicht die erhoffte Leistung brachte. Zeitdruck und interne Auseinandersetzungen führten schließlich zu einer radikalen Modernisierung des seitherigen Motors. Das Ergebnis war eine hervorragend gelungene Neukonstruktion. Ungeniert machte man den Motor noch langhubiger, um über mehr Inhalt Leistung zu gewinnen. Der Kurbeltrieb lief nun in zwei Gleit- statt Wälzlagern, ein Zylinderkopf mit Hängeventilen kam hinzu, und die seitliche Nockenwelle wurde durch eine Duplexkette statt der bisherigen Gußeisen-Stirnräder angetrieben.

Ende März 1932 erschien der BMW 3/20 PS (Typ AM 1, das bedeutete: 1. Auto München) mit diesem neuen Motor. Neu war überhaupt der ganze Wagen. Vom Vorgängertyp DA 4 hatte man lediglich und leider die dilletantisch anmutende Vorderschwingachse übernommen. Besondere Merkmale waren der vorn zur Aufnahme des Motors gegabelte Zentralkastenrahmen, die durchlaufende (nicht mehr geteilte) Kardanwelle, die hintere (kinematisch auch nicht astreine) Pendelachse und die vom Werk Sindelfingen der Daimler-Benz AG. gefertigten Karosserien. Der BMW 3/20 PS sah etwas plump, aber vertrauenerweckend aus, war solid verarbeitet und wesentlich geräumiger als sein Vorgänger, aber zu schwer für den Motor und abenteuerlich in den Fahr-, Lenk- und Bremseigenschaften.

Insgesamt wurden 7215 Stück des BMW 3/20 PS gebaut. Alle 4 Serienkarosserien stammten aus Sindelfingen. Nur eine ge-

Bild linke Seite:
BMW 3/20 PS Rolldach-Limousine
1932–1934
(Karosserie Sindelfingen)

Rechts:
BMW 3/20 PS Cabriolet 2 Fenster
1932–1934
(Karosserie Sindelfingen)

Mitte:
BMW 3/20 PS Roadster 2 (2) Sitze
1932–1934
(Karosserie Sindelfingen)

Unten:
BMW 3/20 PS Tourenwagen 4 Sitze
1932–1934
(Karosserie Sindelfingen)

ringe Zahl von Fahrgestellen wurde mit Sonderaufbauten versehen, nämlich als sehr niedrige Zweisitzer-Sport-Cabriolets oder als offene Sport-Zweisitzer, die im Gegensatz zum Serien-Roadster nur seitliche Ausschnitte statt Türen und keinen Klappsitz im Heck besaßen. Hersteller dieser Sonderkarosserien waren hauptsächlich die Firmen Reutter (Stuttgart) und Ludwig Weinberger (München). Preise:

Roadster 2 (2) Sitze	RM 2650,–
Tourenwagen 4 Sitze	RM 2650,–
Limousine 4 Sitze	RM 2650,–
Rolldach-Limousine 4 Sitze	RM 2785,–
Cabriolet 2 Fenster 4 Sitze	RM 3260,–
Fahrgestell	RM 2050,–

BMW 3/20 PS Sport-Cabriolet 2 Sitze (Sonderkarosserie)

BMW Dreirad-Lieferwagen (1932–1934)

Als typisches Produkt der Krisenjahre brachte BMW im Herbst 1932 einen Dreirad-Lieferwagen heraus. Er besaß einen gebläsegekühlten Motorrad-Motor (zunächst 200 ccm 6 PS, dann 400 ccm 14 PS), Dreiganggetriebe und Kardanantrieb auf das Hinterrad, welches an einem gefederten Schwingarm lief. Vorderachse starr. Trapez-Rohrrahmen. Gewicht 350 kg. Tragkraft 650 kg und zwei Personen. Ladefläche 1600 x 900 mm. Verbrauch 6 Liter. Besonders stolz war BMW auf den vollständig verschließbaren Fahrersitz. Doch auch hier waren die Münchener Konstrukteure über den Stand der Entwicklung nicht im Bild: Die Bauart des BMW Dreirad-Lieferwagens war bereits überholt, als seine Produktion begann. Die beiden führenden Marken auf diesem Gebiet, nämlich Tempo und Goliath, gingen anläßlich der Berliner Automobil-Ausstellung im Februar 1933 vom motorradmäßigen Vorderlader zum automobil-ähnlicheren Hinterlader mit geschlossenem Fahrerhaus über. Außerdem begann die Produktion des BMW Transport-Dreirads erst, als die jahrelange Wirtschaftskrise gerade zu Ende ging. So wurden insgesamt nur 600 BMW Dreirad-Lieferwagen hergestellt, und zwar:

1932:	40 BMW Typ F 76 (200 ccm, Preis RM 1350,–)
1933:	210 BMW Typ F 76
	297 BMW Typ F 79 (400 ccm, Preis RM 1500,–)
1934:	53 BMW Typ F 79

BMW experimentierte damals auch mit einem Zweisitzer-Personen-Dreirad. Der abgebildete Versuchswagen war offensichtlich von der Serienreife noch weit entfernt. Daß er diese nie erreichte, war für BMW gewiß kein Schaden. Beide Dreirad-Entwicklungen liefen übrigens in München, nicht etwa in Eisenach!

Stand der Bayerischen Motoren Werke AG. auf der Internationalen Automobil-Ausstellung Berlin 1933. Hier wurde zum ersten Mal der kleine BMW 1,2 Liter Sechszylinder gezeigt. Die Formgebung der drei Musterwagen wirkte allerdings noch ziemlich unfertig. Aber schon wenige Monate später, als die Serienproduktion begann, stimmten die Linien!

BMW 303, 309, 315, 319 und 329 (1933–1937)

BMW 303: Beginn einer völlig neuen Baureihe (Typ 3). Sehr sauber (in Eisenach) konstruiertes Fahrgestell mit Tiefrahmen aus 90 mm-Stahlrohren, ordentlich geführter Querfeder-Vorderachse, hinterer Starrachse mit Underslung-Halbfedern, sehr direkter Zahnstangenlenkung (nur 2 Lenkraddrehungen von Anschlag zu Anschlag), 16"-Aero-Reifen sowie hervorragender Abstimmung von Federn und Stoßdämpfern. 1,2 Liter Sechszylinder Zweivergaser-Motor (abgeleitet vom 3/20 PS Vierzylinder) im verhältnismäßig kleinen Wagen ergab ein temperamentvolles Gefährt. Drei bei der Berliner Automobil-Ausstellung im Februar 1933 vorgestellte Prototypen wirken rein optisch noch nicht ganz überzeugend. Die ersten Limousinen-Karosserien lieferte das Werk Sindelfingen der Daimler-Benz AG. Serie ab April 1933 mit Karosserien von Ambi-Budd (Berlin). Eigentliche Einführung und Feuertaufe des neuen Wagens bei der damals ungemein populären und reklameträchtigen 2000 Kilometer-Fahrt durch Deutschland. Der BMW 303 wurde bis zum Erscheinen des BMW 315 im April 1934 gebaut. BMW 303 und 315 des Jahrgangs 1934 sahen völlig gleich aus. Preise:

BMW 303 Limousine 2 Türen	RM 3600,–
BMW 303 Cabriolet 4 Fenster	RM 4400,–
BMW 303 Sport-Cabriolet 2 Sitze	RM 4600,–

BMW 309: Typ 3 mit 0,9 Liter Vierzylinder-Motor. Ab Februar 1934 Nachfolger des BMW 3/20 PS. Durch Hubraumvergrößerung etwas mehr Leistung (zum Ausgleich des höheren Gewichts) und Zweipunkt-Gummilagerung des Motors, um ähnliche Laufruhe wie bei den Sechszylindern zu erreichen. Fahrgestell und Karosserie wie die neuen Sechszylinder. Die Produktion des BMW 309 entfiel 1936 ersatzlos, um den wachsenden Bedarf an Sechszylindern decken zu können. Preise:

BMW 309 Limousine 2 Türen	RM 3200,–
BMW 309 Cabrio-Limousine 2 Türen	RM 3400,–
BMW 309 Tourenwagen 2 Türen	RM 3700,–
BMW 309 Cabriolet 4 Fenster	RM 4000,–
BMW 309 Sport-Cabriolet 2 Sitze	RM 4200,–

BMW 315: Typ 3 mit 1,5 Liter Sechszylinder-Motor. Ab April 1934 Nachfolger des BMW 303, von dem er sich nur durch den größeren Hubraum unterschied. Er erreichte höchste Stückzahl aller Ausführungen des Typs 3. Als sehr gefällig gezeichneter Sport-Zweisitzer erschien im Sommer 1934 der BMW 315/1 mit Dreivergasermotor und höherer Verdichtung. Errang auf Anhieb aufsehenerregende Sporterfolge in der 1,5 Liter-Klasse. Später gab es dazu ein abnehmbares Coupédach, das allerdings ebenso wie das serienmäßige Klappdach den hübschen Wagen arg verschandelte. Preise:

BMW 315 Limousine 2 Türen	RM 3750,–
BMW 315 Cabrio-Limousine 2 Türen	RM 3950,–
BMW 315 Tourenwagen 2 Türen	RM 4100,–
BMW 315 Cabriolet 4 Fenster	RM 4400,–
BMW 315 Sport-Cabriolet 2 Sitze	RM 4750,–
BMW 315/1 Sportwagen 2 Sitze	RM 5200,–

BMW 319: Typ 3 mit 1,9 Liter Sechszylinder-Motor. Zunächst war der 1,9 Liter-Motor lediglich zum Einbau in den Sportwagen für die 2 Liter-Klasse geplant und entwickelt worden. Erste Exemplare des BMW 319/1, der sich äußerlich vom BMW 315/1 nicht unterschied, waren Ende 1934 fertig. Aber der 1,9 Liter-Motor kam dann geradezu zwangsläufig, allerdings mit gezügelter Leistung, auch in allen anderen Modellen der laufenden Baureihe. Preise:

BMW 319 Limousine 2 Türen	RM 4150,–
BMW 319 Cabrio-Limousine 2 Türen	RM 4350,–
BMW 319 Tourenwagen 2 Türen	RM 4500,–
BMW 319 Cabriolet 4 Fenster	RM 4800,–
BMW 319 Sport-Cabriolet 2 Sitze	RM 5150,–
BMW 319/1 Sportwagen 2 Sitze	RM 5800,–

BMW 329: Ab April 1936 lieferbare Sonderausführung des BMW 319 mit dessen Motor und Fahrgestell, aber Kühlergesicht und Linie im Stil des neuen BMW 326. Angeboten als Viersitzer-Cabriolet mit geräumiger, aber plump geratener Heckpartie, außerdem mit viel gefälligeren Proportionen als Zweisitzer-Cabriolet. Immerhin 1179 Stück dieses Übergangsmodells (zum BMW 320) wurden gebaut. Preise:

BMW 329 Cabriolet 4 Fenster	RM 4950,–
BMW 329 Sport-Cabriolet 2 Sitze	RM 5800,–

Karosserie-Zahlen	**BMW 303 1933–1934**	**BMW 309 1934–1936**	**BMW 315 1934–1937**	**BMW 319 1935–1937**	**BMW 329 1936–1937**
Limousine 2 Türen	1503	2859	4881	3029	–
ds. mit Sonnendach	150	1	1	–	–
Cabrio-Limousine 2 Türen	2	1456	1378	569	–
Cabriolet 4 Fenster	542	284	2281	2066	1011
Sport-Cabriolet 2 Sitze	27	–	20	238	42
Tourenwagen offen	2	179	137	75	–
Sport-Zweisitzer offen	–	–	230	178	–
Fahrgestell	74	1221	837	491	126
	2300	**6000**	**9765**	**6646**	**1179**

BMW 303
6 Zylinder, 1,2 Liter
Limousine 2 Türen
Karosserie Ambi-Budd
1933

BMW 303
6 Zylinder, 1,2 Liter
Cabriolet 4 Fenster
1933

BMW 303
6 Zylinder, 1,2 Liter
Sport-Cabriolet 2 Sitze
Karosserie Gläser
1933

BMW 309
4 Zylinder, 0,9 Liter
Limousine 2 Türen
Karosserie Ambi-Budd
1934–1936

BMW 309
4 Zylinder, 0,9 Liter
Cabrio-Limousine 2 Türen
Karosserie Ambi-Budd
1934–1936

BMW 309
4 Zylinder, 0,9 Liter
Cabriolet 4 Fenster
1934–1936

BMW 309
4 Zylinder, 0,9 Liter
Tourenwagen 2 Türen
1934–1936

BMW 303 (6 Zylinder, 1,2 Liter)
BMW 315 (6 Zylinder, 1,5 Liter)
Limousine 2 Türen
Karosserie Ambi-Budd
1934

BMW 315 Fahrgestell

BMW 315 Tourenwagen 1934

BMW 315
6 Zylinder, 1,5 Liter
Sport-Cabriolet 2 Sitze
Karosserie Reutter
1934

BMW 303 (6 Zyl., 1,2 Liter)
BMW 315 (6 Zyl., 1,5 Liter)
Cabriolet 4 Fenster
1934

BMW 315
6 Zylinder, 1,5 Liter
Limousine 2 Türen
Karosserie Ambi-Budd
1935–1937

Ludwig Weinberger (München) war in den dreißiger Jahren BMW-Vertreter und Karosserieschneider zugleich. Bis zum Kriegsausbruch versah er etwa 300 BMW-Fahrgestelle mit Sonderkarosserien. Auffallend häufig befanden sich darunter offene Zweisitzer im Stil englischer Tourer, wie der abgebildete BMW 315 von 1935. Doch überwiegend baute Weinberger typisch deutsche Cabriolets, zierlich in den frühen, eher behäbig in den späteren dreißiger Jahren.

BMW 315
4 Zylinder, 1,5 Liter
Sport-Cabriolet 2 Sitze
Sonderkarosserie Wendler
1934

BMW 319
2 Liter, 1,9 Liter
Limousine 2 Türen
Karosserie Ambi-Budd
1935–1937

BMW 319
6 Zylinder, 1,9 Liter
Cabrio-Limousine 2 Türen
Karosserie Ambi-Budd
1935–1937

BMW 319
6 Zylinder, 1,9 Liter
Cabriolet 4 Fenster
1935–1937

BMW 319
6 Zylinder, 1,9 Liter
Tourenwagen 2 Türen
1935–1937

BMW 319
6 Zylinder, 1,9 Liter
Sport-Cabriolet 2 Sitze
1935–1937

BMW 319
6 Zylinder, 1,9 Liter
Sport-Cabriolet 2 Sitze
1935–1937

BMW 315/1
6 Zylinder, 1,5 Liter
Sport-Zweisitzer
1934–1936

BMW 319/1
6 Zylinder, 1,9 Liter
Sport-Zweisitzer
1934–1936

**BMW 315/1
mit Coupé-Aufsatz**

**BMW 315/1
mit Verdeck**

**BMW 319/1
Sport-Cabriolet 2 Sitze
Sonderkarosserie Drauz
1935**

BMW 329
6 Zylinder, 1,9 Liter
Cabriolet 1936–1937

BMW 329
Sport-Cabriolet 1936–1937
Karosserie Wendler

BMW 329
Sport-Cabriolet 1936–1937
Karosserie Autenrieth

	BMW 309 **1934 – 1936**	**BMW 303** **1933 – 1934**
Motor		
Zylinderzahl	4 (Reihe)	6 (Reihe)
Bohrung x Hub	58 x 80 mm	56 x 80 mm
Hubraum	845 ccm	1173 ccm
Leistung	22 PS bei 4000 U/min	30 PS bei 4000 U/min
Verdichtung	1 : 5,6	1 : 5,6
Vergaser	1 Flachstromvergaser Solex 26 BFLV	2 Flachstromvergaser Solex 26 BFLV
Ventile	Hängend Stoßstangen und Kipphebel Seitliche Nockenwelle Antrieb durch Duplex-Kette	Hängend Stoßstangen und Kipphebel Seitliche Nockenwelle Antrieb durch Duplex-Kette
Kurbelwellenlager	2	4
Kühlung	Pumpe, 6 Liter Wasser	Pumpe, 7,5 Liter Wasser
Schmierung	Druckumlauf, 2,5 Liter Öl	Druckumlauf, 4 Liter Öl
Batterie	6 V 45 Ah	6 V 75 Ah
Lichtmaschine	60 W	60 W
Kraftübertragung	Antrieb auf Hinterräder	Antrieb auf Hinterräder
Kupplung	Einscheibentrockenkupplung	Einscheibentrockenkupplung
Schaltung	Schalthebel Wagenmitte	Schalthebel Wagenmitte
Getriebe	4 Gang	4 Gang
Synchronisierung	III – IV	III – IV
Übersetzungen	I. 4,42 II. 2,54 III. 1,65 IV. 1,00	I. 4,42 II. 2,54 III. 1,65 IV. 1,00
Antriebs-Übersetzung	5,85	5,15 (7 : 36)
Fahrwerk	Rohrrahmen, Kastenquerträger	Rohrrahmen, Kastenquerträger
Vorderradaufhängung	Querlenker unten 1 Querfeder oben	Querlenker unten 1 Querfeder oben
Hinterradaufhängung	starr, Halbfedern	starr, Halbfedern
Lenkung	Zahnstange (1 : 11,2)	Zahnstange (1 : 11,2)
Fußbremse	Mechanisch Innenbacken, 4 Räder	Mechanisch Innenbacken, 4 Räder
Handbremse	Seilzug auf Hinterräder	Seilzug auf Hinterräder
Schmierung	WV-Eindruck-Zentral	WV-Eindruck-Zentral
Allgemeine Daten		
Radstand	2400 mm	2400 mm
Spur vorn/hinten	1153/1220 mm	1153/1220 mm
Gesamtmaße	3750 x 1440 x 1550 mm	3900 x 1440 x 1550 mm
Räder	Scheiben	Scheiben
Felgen	Tiefbett 3,25 D x 16	Tiefbett 3,25 D x 16
Reifen	5,25 – 16	5,25 – 16
Wendekreis	10,6 Meter	10,6 Meter
Fahrgestellgewicht	500 kg	550 kg
Wagengewicht	750 kg	820 kg
Zuläss. Gesamtgewicht	1200 kg	1270 kg
Höchstgeschwindigkeit	80 km/h	90 km/h
Verbrauch/100 km	8,5 Liter	10 Liter
Kraftstofftank	35 Liter (im Motorraum)	35 Liter (im Motorraum)
Preise		
Limousine 2 Türen	RM 3200,–	RM 3600,–
Cabrio-Limousine 2 Türen	RM 3400,–	–
Tourenwagen 4 Sitze	RM 3700,–	
Cabriolet 2 Türen 4 Fenster	RM 4000,–	RM 4400,–
Sport-Cabriolet 2 Sitze	RM 4200,–	RM 4600,–
Sportwagen 2 Sitze	–	–

BMW 315 1934 – 1937	BMW 315/1 Sport 1934 – 1936	BMW 319/1 Sport 1934 – 1936	BMW 319 1935 – 1937	BMW 329 1936 – 1937
6 (Reihe)	6 (Reihe)	6 (Reihe)	6 (Reihe)	
58 x 94 mm	58 x 94 mm	65 x 96 mm	65 x 96 mm	
1490 ccm	1490 ccm	1911 (Steuer 1898) ccm	1911 (Steuer 1898) ccm	
34 PS bei 4000 U/min	40 PS bei 4300 U/min	55 PS bei 4000 U/min	45 PS bei 3750 U/min	
1:5,6	1:6,8	1:6,8	1:5,6	
2 Flachstromvergaser	3 Flachstromvergaser	3 Flachstromvergaser	2 Flachstromvergaser	
Solex 26 BFLV	Solex 26 BFRV	Solex 30 BFRH	Solex 26 BFLV	
Hängend	Hängend	Hängend	Hängend	
Stoßstangen und Kipphebel	Stoßstangen und Kipphebel	Stoßstangen und Kipphebel	Stoßstangen und Kipphebel	
Seitliche Nockenwelle	Seitliche Nockenwelle	Seitliche Nockenwelle	Seitliche Nockenwelle	
Antrieb durch Duplex-Kette	Antrieb durch Duplex-Kette	Antrieb durch Duplex-Kette	Antrieb durch Duplex-Kette	
4	4	4	4	
Pumpe, 7,5 Liter Wasser	Pumpe, 7,5 Liter	Pumpe, 7,5 Liter	Pumpe, 7,5 Liter	
Druckumlauf, 4 Liter Öl	Druckumlauf, 4 Liter Öl	Druckumlauf, 4 Liter Öl	Druckumlauf, 4 Liter Öl	
6 V 75 Ah	6 V 75 Ah	6 V 75 Ah	6 V 75 Ah	
90 W	90 W	90 W	90 W	
Antrieb auf Hinterräder	Antrieb auf Hinterräder	Antrieb auf Hinterräder	Antrieb auf Hinterräder	
Einscheibentrockenkupplung	Einscheibentrockenkupplung	Einscheibentrockenkupplung	Einscheibentrockenkupplung	
Schalthebel Wagenmitte	Schalthebel Wagenmitte	Schalthebel Wagenmitte	Schalthebel Wagenmitte	
4 Gang (Hurth)	4 Gang (Hurth)	4 Gang (Hurth)	4 Gang (Hurth)	
III – IV	III – IV	III – IV	III – IV	
I. 4,08	I. 4,08	I. 3,63	I. 3,63	
II. 2,35	II. 2,35	II. 2,07	II. 2,07	
III. 1,52	III. 1,52	III. 1,38	III. 1,51	
IV. 1,00	IV. 1,00	IV. 1,00	IV. 1,00	
5,15 (7:36)	4,50 oder 5,15	4,50 oder 5,15	4,38	
Rohrrahmen, Kastenquerträger	Rohrrahmen, Kastenquerträger	Rohrrahmen, Kastenquerträger	Rohrrahmen, Kastenquerträger	
Querlenker unten	Querlenker unten	Querlenker unten	Querlenker unten	
1 Querfeder oben	1 Querfeder oben	1 Querfeder oben	1 Querfeder oben	
starr, Halbfedern	starr, Halbfedern	starr, Halbfedern	starr, Halbfedern	
Zahnstange (1:11,2)	Zahnstange (1:11,2)	Zahnstange (1:11,2)	Zahnstange (1:11,2)	
Mechanisch	Mechanisch	Mechanisch	Mechanisch	
Innenbacken, 4 Räder	Innenbacken, 4 Räder	Innenbacken, 4 Räder	Innenbacken, 4 Räder	
Seilzug auf Hinterräder	Seilzug auf Hinterräder	Seilzug auf Hinterräder	Seilzug auf Hinterräder	
WV-Eindruck-Zentral	WV-Eindruck-Zentral	WV-Eindruck-Zentral	WV-Eindruck-Zentral	
2400 mm	2400 mm	2400 mm	2400 mm	2400 mm
1153/1220 mm	1153/1220 mm	1153/1220 mm	1153/1220 mm	1153/1220 mm
3900 x 1440 x 1550 mm	3800 x 1440 x 1350 mm	3800 x 1440 x 1350 mm	3900 x 1440 x 1550 mm	4000 x 1440 x 1550 mm
Scheiben	Scheiben	Scheiben	Scheiben	Scheiben
Tiefbett 3,25 D x 16	Tiefbett 3,25 D x 16	Tiefbett 3,25 D x 16	Tiefbett 3,25 D x 16	Tiefbett 3,25 D x 16
5,25 – 16	5,25 – 16	5,25 – 16	5,25 – 16	5,25 – 16
10,6 Meter	10,6 Meter	10,6 Meter	10,6 Meter	10,6 Meter
550 kg	550 kg	550 kg	550 kg	550 kg
830 kg	750 kg	780 kg	850 kg	880 kg
1270 kg	1100 kg	1140 kg	1300 kg	1300 kg
100 km/h	120 km/h	130 km/h	115 km/h	110 km/h
10,5 Liter	11,5 Liter	12 Liter	11 Liter	11,5 Liter
35 Liter (im Motorraum)	50 Liter (im Motorraum)	50 Liter (im Motorraum)	40 Liter (im Motorraum)	40 Liter (im Motorraum)
RM 3750,–	–	–	RM 4150,–	–
RM 3950,–	–	–	RM 4350,–	–
RM 4100,–	–	–	RM 4500,–	–
RM 4400,–	–	–	RM 4800,–	RM 4950,–
RM 4750,–	–	–	RM 5150,–	RM 5800,–
–	RM 5200,–	RM 5800,–	–	–

BMW 326 (1936–1941)

Das erste größere Auto von BMW. Vorstellung Februar 1936. Serie ab Mitte 1936. Komfort und eine eher behäbige Repräsentation waren bei diesem meistverkauften BMW der Vorkriegszeit mehr betont als Leistung und Sportlichkeit. Die Limousinen-Karosserie lieferte Ambi-Budd, die Cabriolets stammten von Autenrieth und anderen Firmen. Preise:

BMW 326 Fahrgestell	RM 4450,–
BMW 326 Limousine 4 Türen 6 Fenster	RM 5500,–
ds. – mit Golde-Schiebedach	RM 5810,–
BMW 326 Cabriolet 2 Türen 4 Fenster	RM 6650,–
ds. – mit Autenrieth-Schiebetüren	RM 7300,–
BMW 326 Cabriolet 4 Türen 4 Fenster	RM 7300,–

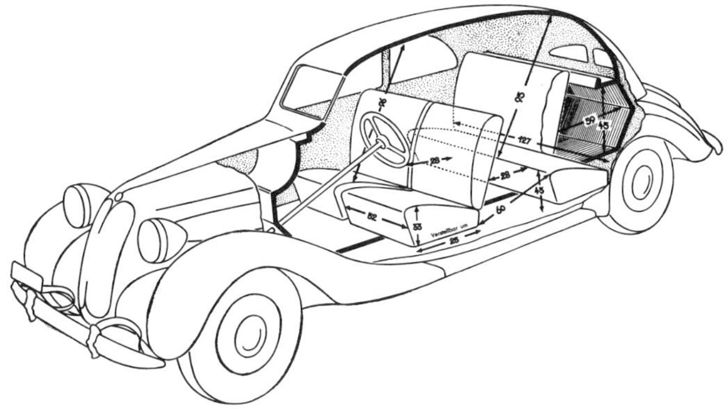

Innenmaße BMW 320 Limousine

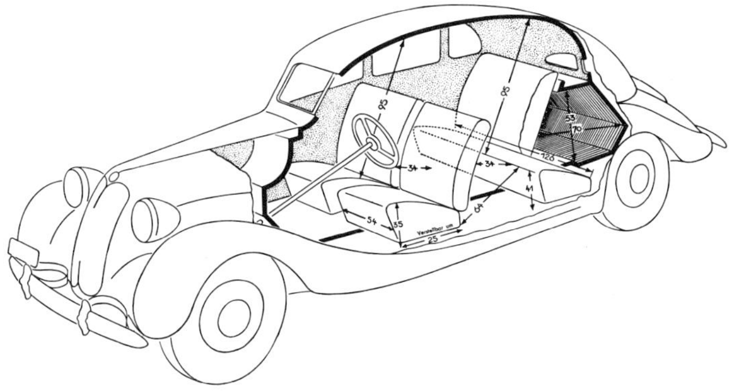

Innenmaße BMW 326 Limousine

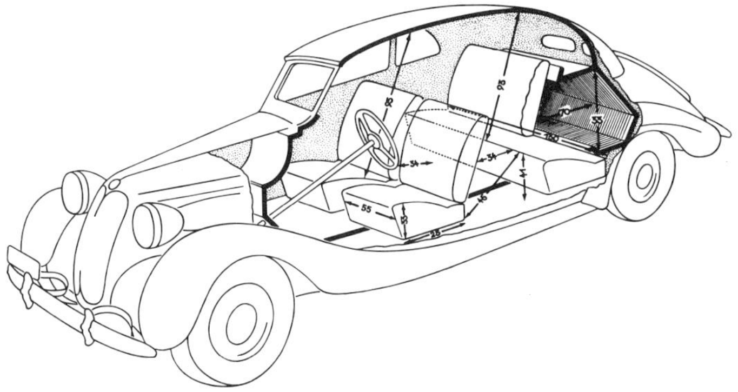

Innenmaße BMW 326 Cabriolet

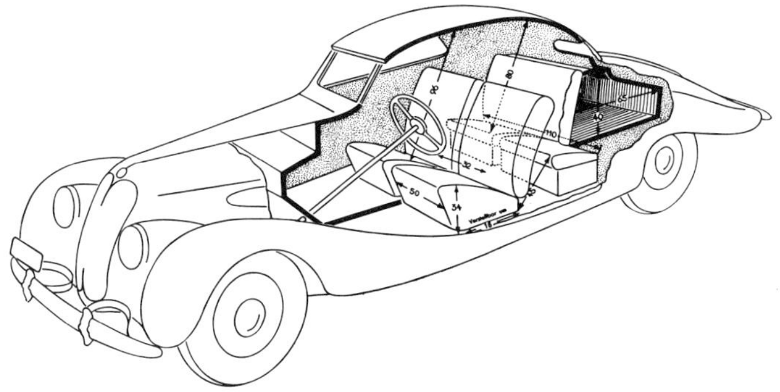

Innenmaße BMW 327 Sport-Cabriolet

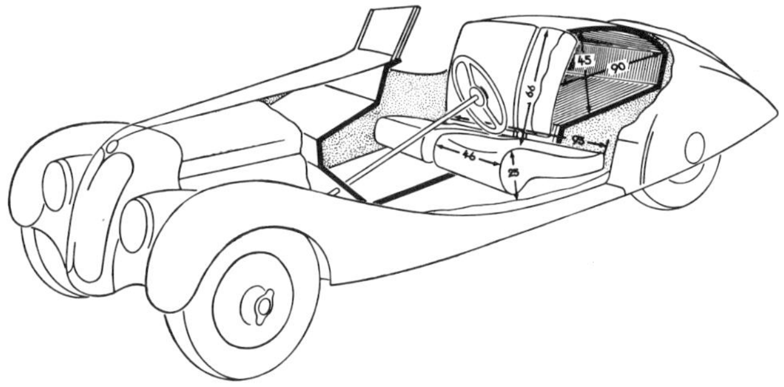

Innenmaße BMW 328 Sportwagen

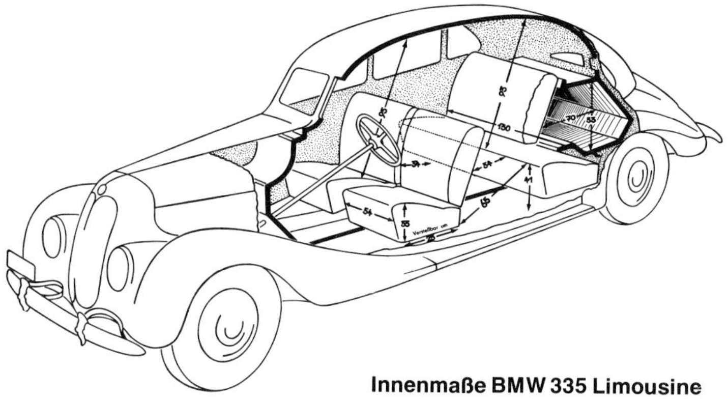

Innenmaße BMW 335 Limousine

BMW 320 und 321 (1937–1941)

Als Nachfolger der BMW 319 und 329 erschien im Juli 1937 der BMW 320. Es gab ihn nur mit 2 Türen, dazu war er kleiner, leichter und billiger, aber im Stil ähnlich dem bereits gut eingeführten BMW 326. Die ersten 640 BMW 320 besaßen den vom 319 und 329 her bekannten 1911 ccm Zweivergaser-Motor, dann kam der 1971 ccm Einvergaser-Motor gleicher Leistung zum Einbau. Ab Januar 1939 folgt der BMW 321 mit hinten statt vorn angeschlagenen Türen (bitte, das ist keine Verwechslung!) und der Vorderachse des BMW 326. Limousine von Ambi-Budd, Cabriolet von verschiedenen Firmen.

Preise:	BMW 320	BMW 321
Fahrgestell	RM 3980,–	RM 4150,–
Limousine 2 Türen	RM 4500,–	RM 4800,–
ds. – mit Golde-Schiebedach		RM 5100,–
Cabriolet 2 Türen 4 Fenster	RM 5250,–	RM 5650,–

BMW 328 (1937–1939)

Erster Auftritt beim Eifelrennen 1936: Ernst Henne siegte in der Zweiliter-Sportwagenklasse. Käuflich wurde der BMW 328 ab Februar 1937, und er geriet auf Anhieb zum erfolgreichsten und beliebtesten Sportwagen der beiden letzten Vorkriegsjahre. Gebaut wurden 462 Wagen, von denen heute noch etwa die Hälfte vorhanden sein dürfte, die zu den begehrtesten Oldtimern zählen. Die meisten Wagen wurden mit der in Eisenach hergestellten Karosserie als offene Zweisitzer mit leichtem Segeltuchverdeck geliefert. In Einzelanfertigung gab es jedoch auch wunderschöne Zweisitzer-Cabriolets von Gläser, Wendler, Drauz und Ludwig Weinberger. Preise:

BMW 328 Fahrgestell	RM 5900,–
BMW 328 Sportwagen 2 Sitze	RM 7400,–

BMW 327 und 327/28 (1937–1941)

Begeisterten Beifall wegen seiner geradezu makellosen Schönheit erhielt der BMW 327, vorgestellt im November 1937. (Die ersten Wagen besaßen ein Hurth-Schnellganggetriebe mit Hinterachse 4,55.) Ab April 1938 war der Wagen wahlweise auch mit dem 80 PS-Motor des BMW 328 lieferbar. Die Karosserien fertigte Ambi-Budd. Preise:

BMW 327 Cabriolet	(ab Nov. 1937)	RM 7500,–
BMW 327 Coupé	(ab Okt. 1938)	RM 7450,–
BMW 327/28 Cabriolet	(ab April 1938)	RM 8130,–
BMW 327/28 Coupé	(ab Okt. 1938)	RM 8100,–

BMW 335 (1939–1941)

Größter und luxuriösester Vorkriegs-BMW, vorgestellt im Herbst 1938. Karosserien des BMW 326, jedoch längerer Vorbau. Infolge des Krieges wurden nur 410 Wagen dieses Typs hergestellt, nämlich 233 Limousinen, 118 Zweitüren-Cabriolets, 40 Viertüren-Cabriolets und 19 Fahrgestelle für Spezialkarosserien. Preise:

BMW 335 Fahrgestell	RM 6700,–
BMW 335 Limousine 4 Türen 6 Fenster	RM 7850,–
BMW 335 Cabriolet 2 Türen 4 Fenster	RM 9050,–
BMW 335 Cabriolet 4 Türen 4 Fenster	RM 9600,–

Karosserie-Stückzahlen	BMW 320 1937 – 1938	BMW 321 1939 – 1941	BMW 326 1936 – 1941	BMW 327 1937 – 1941	BMW 327/28 1938 – 1940	BMW 328 1937 – 1939
Limousine 2 Türen	2416	2078	–	–	–	–
Limousine 4 Türen	–	–	10142	–	–	–
Cabriolet 4 Fenster	1635	1551	4060	–	–	–
Cabriolet 4 Türen	–	–	1093	–	–	–
Sport-Zweisitzer offen	–	–	–	–	–	403
Sport-Cabriolet	–	–	–	1124	482	–
Sport-Coupé	–	–	–	179	86	–
Fahrgestell	189	8	641	1	1	59
	4240	**3637**	**15936**	**1304**	**569**	**462**

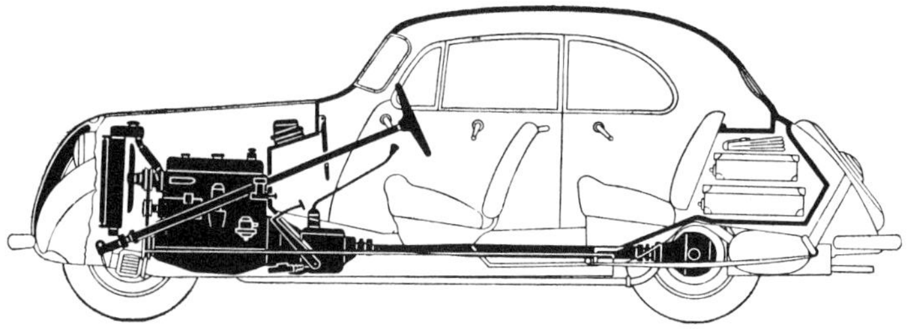

BMW 320

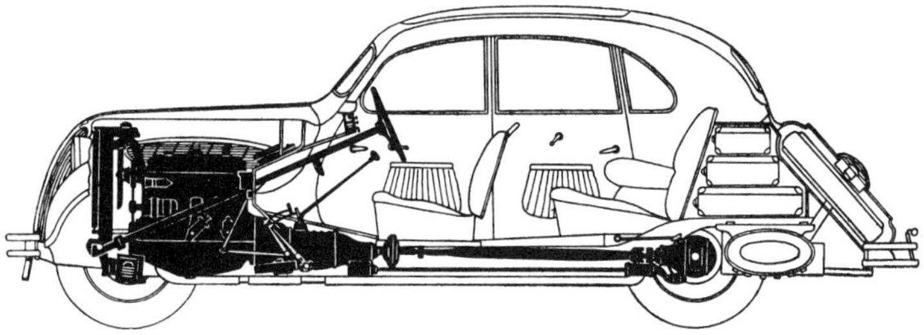

BMW 326

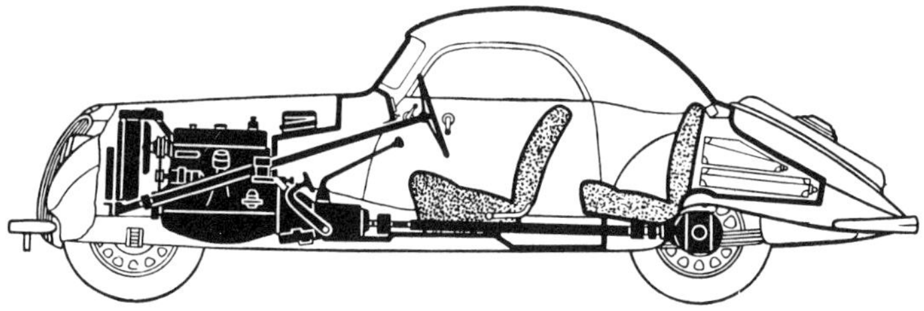

BMW 327

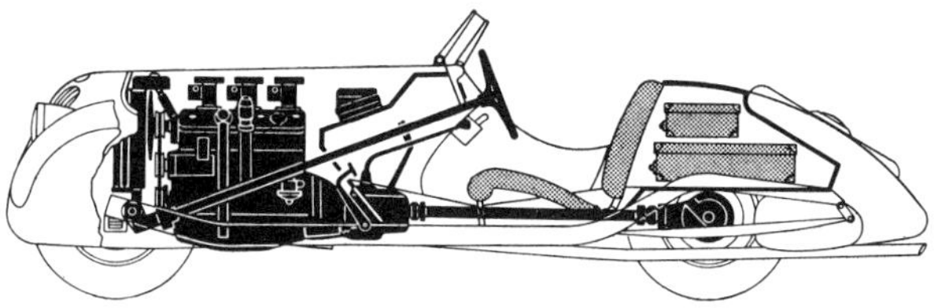

BMW 328

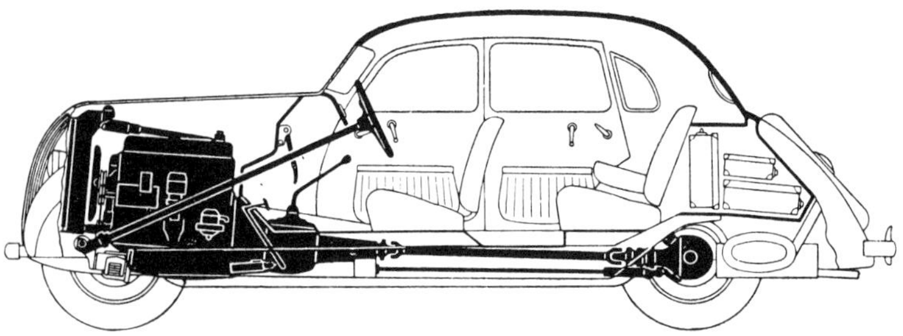

BMW 335

	BMW 320 1937 – 1938	BMW 321 1939 – 1941
Motor		
Zylinderzahl	6 (Reihe)	
Bohrung x Hub	66 x 96 mm	
Hubraum	1971 ccm	
Leistung	45 PS bei 3750 U/min	
Verdichtung	1:6	
Vergaser	1 Flachstromvergaser Solex 30 BFLVS	
Ventile	Hängend Stoßstangen und Kipphebel Seitliche Nockenwelle Antrieb durch Duplex-Kette	
Kurbelwellenlager	4	
Kühlung	Pumpe, 7,5 Liter Wasser	
Schmierung	Druckumlauf, 4 Liter Öl	
Batterie	6 V 75 Ah (unter Rücksitz links)	
Lichtmaschine	90 oder 130 W	
Kraftübertragung	Antrieb auf Hinterräder	
Kupplung	Einscheibentrockenkupplung	
Schaltung	Schalthebel Wagenmitte	
Getriebe	4 Gang (Hurth)	
Synchronisierung	III–IV	
Übersetzungen	I. 3,66 II. 2,22 III. 1,51 IV. 1,00	
Antriebs-Übersetzung	4,38 bzw. (ab 1938) 4,55	
Fahrwerk	Tiefbett-Kastenrahmen	
Vorderradaufhängung	Querlenker unten 1 Querfeder oben	Querlenker oben 1 Querfeder unten
Hinterradaufhängung	starr, Halbfedern	
Lenkung	Zahnstange	
Fußbremse	Hydraulisch Innenbacken, 4 Räder	
Handbremse	Seilzug auf Hinterräder	
Schmierung	WV-Eindruck-Zentral	
Allgemeine Daten		
Radstand	2750 mm	2750 mm
Spur vorn/hinten	1160/1300 mm	1300/1300 mm
Gesamtmaße	4500 x 1540 x 1500 mm	4500 x 1670 x 1500 m
Räder	Fünfloch-Lochscheiben	Fünfloch-Lochscheibe
Felgen	3,25 D x 16	3,50 D x 16
Reifen	5,25 – 16	5,50 – 16
Wendekreis	13 Meter	11 Meter
Fahrgestellgewicht	750 kg	
Wagengewicht	Limousine 1000 kg	
Zuläss. Gesamtgewicht	1600 kg	
Höchstgeschwindigkeit	110 km/h	
Beschleunigung 0–100 km/h	35 sec	
Verbrauch/100 km	11 Liter	
Kraftstofftank	50 Liter (im Heck)	

BMW 326 1936 – 1941	BMW 327 1937 – 1941	BMW 327/28 1938 – 1940	BMW 328 1937 – 1939	BMW 335 1939 – 1941
6 (Reihe)	6 (Reihe)	6 (Reihe)		6 (Reihe)
66 x 96 mm	66 x 96 mm	66 x 96 mm		82 x 110 mm
1971 ccm	1971 ccm	1971 ccm		3485 ccm
50 PS bei 3750 U/min	55 PS bei 4500 U/min	80 PS bei 5000 U/min		90 PS bei 3500 U/min
1:6	1:6,3	1:7,5		1:5,8
2 Flachstromvergaser	2 Flachstromvergaser	3 Fallstromvergaser		1 Flachstrom-Doppelregister-
Solex 26 BFLV	Solex 26 BFLV	Solex 30 JF		vergaser Solex 35 VMNOVS
Hängend	Hängend	V-förmig hängend		Hängend
Stoßstangen und Kipphebel	Stoßstangen und Kipphebel	Stoßstangen und Kipphebel		Stoßstangen und Kipphebel
Seitliche Nockenwelle	Seitliche Nockenwelle	Seitliche Nockenwelle		Seitliche Nockenwelle
Antrieb durch Duplex-Kette	Antrieb durch Duplex-Kette	Antrieb durch Duplex-Kette		Antrieb und Stirnräder
4	4	4		4
Pumpe, 7,5 Liter Wasser	Pumpe, 7,5 Liter Wasser	Pumpe, 7,5 Liter Wasser. Ölkühler		Pumpe, 14 Liter Wasser
Druckumlauf, 4 Liter Öl	Druckumlauf, 4 Liter Öl	Druckumlauf, 4 Liter Öl		Druckumlauf, 7 Liter Öl
6 V 75 Ah	6 V 75 Ah	6 V 75 Ah		12 V 62,5 Ah
(unter Rücksitz links)	(im Motorraum)	(im Motorraum)		(im Motorraum)
90 oder 130 W	90 oder 130 W	90 oder 130 W		150 W
Antrieb auf Hinterräder	Antrieb auf Hinterräder	Antrieb auf Hinterräder	Antrieb auf Hinterräder	Antrieb auf Hinterräder
Einscheibentrockenkupplung	Einscheibentrockenkupplung	Einscheibentrockenkupplung	Einscheibentrockenkupplung	Einscheibentrockenkupplung
Schalthebel Wagenmitte	Schalthebel Wagenmitte	Schalthebel Wagenmitte	Schalthebel Wagenmitte	Schalthebel Wagenmitte
4 Gang (Hurth)	4 Gang (Hurth); 4 Gang (ZF)	4 Gang (ZF)	4 Gang (Hurth); 4 Gang (ZF)	4 Gang (ZF)
III – IV	III – IV; I – IV	I – IV	III – IV; III – IV	I – IV
Freilauf im I. + II. Gang	Freilauf			
(nicht sperrbar)	im I. + II.			
I. 3,85	I. 3,85; I. 3,75	I. 3,75	I. 3,63; I. 3,07	I. 3,89
II. 2,38	II. 2,38; II. 2,28	II. 2,28	II. 2,07; II. 1,82	II. 2,165
III. 1,54	III. 1,54; III. 1,48	III. 1,48	III. 1,50; III. 1,25	III. 1,355
IV. 1,00	IV. 1,00; IV. 1,00	IV. 1,00	IV. 1,00; IV. 1,00	IV. 1,00
4,875	3,90	3,90	3,88; 3,70	3,90
Tiefbett-Kastenrahmen	Tiefbett-Kastenrahmen		Rohrrahmen, Kastenquerträger	Tiefbett-Kastenrahmen
Querlenker oben	Querlenker oben		Querlenker unten	Querlenker oben
1 Querfeder unten	1 Querfeder unten		1 Querfeder oben	1 Querfeder unten
starr, 2 Längs-Federstäbe	starr, Halbfedern		starr, Halbfedern	starr, 2 Längs-Federstäbe
Zahnstange	Zahnstange		Zahnstange	Zahnstange
Hydraulisch	Hydraulisch		Hydraulisch	Hydraulisch
Innenbacken, 4 Räder	Innenbacken, 4 Räder		Innenbacken, 4 Räder	Innenbacken, 4 Räder
Seilzug auf Hinterräder	Seilzug auf Hinterräder		Seilzug auf Hinterräder	Seilzug auf Hinterräder
WV-Eindruck-Zentral	WV-Eindruck-Zentral		WV-Eindruck-Zentral	WV-Eindruck-Zentral
2870 mm	2750 mm		2400 mm	2984 mm
1300/1400 mm	1300/1300 mm		1153/1220 mm	1306/1404 mm
4600 x 1600 x 1500 mm	4500 x 1600 x 1420 mm		3900 x 1550 x 1400 mm	4840 x 1700 x 1665 mm
Fünfloch-Lochscheiben	Fünfloch-Lochscheiben		Fünfloch-Lochscheiben	Fünfloch-Lochscheiben
			Auf Wunsch: Zentralverschluß	
1936: 3,25 E x 17	3,50 D x 16		3,25 oder 3,50 D x 16	4,00 E x 16
Ab 1937: 3,50 D x 16				
1936: 5,25 – 17	5,50 – 16		5,25 oder 5,50 – 16	6,00 – 16 extra
Ab 1937: 5,50 – 16				
12 Meter	11 Meter		10,6 Meter	12,5 Meter
800 kg	750 kg	750 kg	500 kg	1020 kg
Limousine 1125 kg	1100 kg	1100 kg	830 kg	Limousine 1300 kg
1700 kg	1600 kg	1450 kg	1220 kg	1750 kg
115 km/h	125 km/h	140 km/h	150 km/h	145 km/h
35 sec				
12,5 Liter	12 Liter	14,5 Liter	14,5 Liter	16 Liter
65 Liter (im Heck)	50 Liter (im Heck)	50 Liter (im Heck)	50 Liter (im Heck)	65 Liter (im Heck)
			Auf Wunsch: 100 Liter	

BMW 320
Limousine 2 Türen
1937–1938
(Türen vorn angeschlagen, geteilte Stoßstange)

BMW 320
Cabriolet 2 Türen
1937–1938
(Türen vorn angeschlagen, geteilte Stoßstange)

BMW 321
Cabriolet 2 Türen
1939–1941
(Türen hinten angeschlagen, durchgehende Stoßstange)

BMW 326
Limousine 4 Türen
1936–1938
(Geteilte Doppel-Stoßstange)

BMW 326
Limousine 4 Türen
1939–1941
(Durchgehende Stoßstange)

BMW 326
Cabriolet 2 Türen
Sonderausführung mit
Sicherheits-Schiebetüren
Karosserie Autenrieth
1938

BMW 326
Cabriolet 4 Türen
Karosserie Autenrieth
1938

BMW 326
Sport-Cabriolet 2 Sitze
Karosserie Gläser
1936–1939

BMW 326
Cabriolet 2 Fenster
Spezialkarosserie Autenrieth
(Besitzer: Heinrich R. Wolf, Gütersloh)

BMW 326
Sport-Cabriolet 2 (2) Sitze
Spezialkarosserie Drauz
1938

Die Bayerischen Motoren Werke stellten auf der Berliner Automobil-Ausstellung im Februar 1938 diese Stromlinien-Limousine vor, welche vom Karosseriewerk Wendler (Reutlingen) nach Patenten von Paul Jaray auf einem Fahrgestell BMW 326 realisiert wurde. Insgesamt baute Wendler 7 gleiche oder ähnliche Autos dieser Art, nämlich fünf auf BMW 326, und zwei auf BMW 328.

Das hier war der einzige BMW 327 mit Spezialkarosserie. Sie stammte von Autenrieth (Darmstadt), erreichte aber bei weitem nicht die Eleganz und den Chic der Serienkarosserie. Deren Schönheit lag in der vollkommenen Harmonie sämtlicher Proportionen. Das konnte von keiner Spezialkarosserie übertroffen werden.

BMW 327 bzw. 327/328
Sport-Cabriolet
1937–1941

BMW 327 bzw. 327/28
Sport-Coupé
1938–1941

BMW 328 Sportwagen 1937–1939

Für das 24 Stunden-Rennen von Le Mans 1939 ließ BMW bei der Carozzeria Touring (Mailand) dieses Stromlinien-Coupé in Superleggera-Bauweise herstellen. Der Wagen wurde 5. in Le Mans und Sieger bei der Mille Miglia 1940.

Ebenfalls bei der Mille Miglia 1940 setzte BMW drei offene Rennsport-Zweisitzer ein, welche dort den 3., 5. und 6. Platz belegten. Es waren dies die Prototypen für den geplanten Nachfolger des serienmäßigen BMW 328. Tatsächlich baute die englische Firma Frazer-Nash diesen Wagen von 1946 bis 1949.

BMW 328 Rennsport-Limousine, ebenfalls eingesetzt bei der Mille Miglia 1940. Die Gestaltung dieses Wagens erfolgte nach dem Vorbild der von Professor Kamm entwickelten Stromform.

BMW 328 Rennsportwagen, 1942 in Zusammenarbeit mit der italienischen Firma Touring entwickelt. Dieses Auto kam zwar nicht zum Einsatz, doch seine Form war das Muster für die ersten Nachkriegs-Rennwagen von Veritas.

BMW 328
Sport-Coupé 2 Sitze
mit abnehmbarem Dach
Karosserie Wendler
1937–1939

BMW 328
Sport-Coupé 2 Sitze
Dach abgenommen
Karosserie Wendler
1937–1939

BMW 328
Sport-Cabriolet 2 Sitze
Karosserie Ludwig Weinberger
1937–1939

→
BMW 328
Sport-Cabriolet 2 Sitze
Karosserie Gläser
1937–1939

H-42391

H-42391

BMW 335
Limousine 4 Türen
Karosserie Ambi Budd
1938–1940

BMW 335
Cabriolet 2 Türen
Karosserie Autenrieth
1939–1941

BMW 335
Cabriolet 4 Türen
Karosserie Autenrieth
1939–1941

→
BMW 335 als Versuchswagen mit der von Professor Kamm (Stuttgart entwickelten Stromform. Er war vor allem für Fahrten auf den damals neuen Reichsautobahnen gedacht und verbrauchte angeblich bei einer Geschwindigkeit von 140 km/h nur 10 Liter/100 km Kraftstoff. Eine der Besonderheiten dieses Versuchswagens war es, daß sich der Reifendruck aller vier Räder vom Fahrersitz aus während der Fahrt verändern ließ.

Um ein heute noch aufsehenerregendes Einzelstück handelt es sich bei diesem BMW 335, dessen Karosserie 1939 von Hermann Graber, Wichtrach (Schweiz), angefertigt wurde. Obwohl für Frontpartie, Kotflügel, Trittbretter und Stoßstangen die Originalteile beibehalten wurden, welcht die Form dieses Cabriolets vom damaligen BMW-Stil so sehr ab, daß er eher an einen Alfa Romeo jener Jahre erinnert. Für seine Karosserien bevorzugte Graber die Farbe schwarz mit grünen Lederpolstern. So präsentiert sich dieser hervorragend wieder hergerichtete Wagen heute noch. Er gehört dem BMW-Händler Max Hahn, Luzern.

BMW Automobile für die Wehrmacht

Im Gegensatz zu den BMW Motorrädern, die bei der Reichswehr und der Wehrmacht eine wichtige Rolle spielten, hatten dort die BMW Automobile nur untergeordnete Bedeutung.

Allerdings besaß schon die Reichswehr schätzungsweise etwa 300 Dixi und BMW 3/15 PS, die als Meldefahrzeuge, MG-Wagen und vor allem als Unterbau für Panzer-Attrappen dienten. In den Jahren 1934 bis 1936 kaufte die Reichswehr etwa 2000 Fahrgestelle BMW 303, 309, 315 und 319 für Kübelwagen Kfz. 1 (z. B. Zugführerwagen) und für leichte Fernsprech-Kraftwagen. Die meisten dieser Typ 3-Fahrzeuge erlebten noch die ersten Monate des Rußlandkrieges, blieben dann aber spätestens beim Beginn des Winterwetters liegen. Solchen Strapazen konnten diese zierlichen Automobilchen nicht gewachsen sein.

Mitte der dreißiger Jahre setzte sich bei der Wehrmachtführung die Meinung durch, daß künftig für die Gefechtsfahrzeuge nicht mehr mit handelsüblichen Fahrgestellen auszukommen sei. Deshalb wurden beim Heereswaffenamt die sogenannten Einheits-Fahrgestelle für die leichten, mittleren und schweren Wehrmacht-Personenkraftwagen konstruiert. Drei Firmen übernahmen dann die Herstellung der leichten Einheits-Pkw, jeweils unter Verwendung markeneigener 50 PS 2 Liter-Motoren. Von 1936 bis 1943 lieferte Stoewer 7500 Wagen, also den Löwenanteil. Hanomag brachte es 1937 bis 1940 auf etwa 2000 Wagen. BMW baute 1937: 453, 1938: 945, 1939: 1093 und 1940: 734, insgesamt also 3225 Wagen. Die leichten Einheits-Pkw aller drei Firmen waren, von den Motoren abgesehen, völlig identisch und äußerlich durch nichts zu unterscheiden, zumal auch keine Markenzeichen angebracht sein durften. An der Front freilich haben sich diese »leichten« Einheits-Pkw, gleich welcher Herstellerfirma, überhaupt nicht bewährt. Sie waren zu kompliziert, zu teuer, viel zu schwer, arg empfindlich und deshalb so reparaturanfällig, daß nur selten ein Exemplar die ersten tausend Kilometer Rußland überlebte. Bereits 1942 verschwand der leichte Einheits-Pkw aus dem Rüstungsprogramm und alsbald auch aus der Truppe. Niemand weinte ihm nach.

Im Krieg setzte die Wehrmacht selbstverständlich auch »eingezogene« BMW Automobile ein, hauptsächlich Limousinen und Serien-Cabriolets der Typen 320, 321, 326 und 335. Sie wurden nahezu alle zerstört oder verschlissen, weshalb nur so wenige Exemplare dieser BMWs bis heute erhalten blieben.

Ab 1929 gab es bei der Reichswehr den 3/15 PS Dixi als Trägerfahrzeug für Tankattrappen.

BMW 309 (4 Zylinder, 0,9 Liter, 22 PS) als kleiner Fernsprechwagen mit 2 Sitzen und Gerätekasten. Baujahr 1934/35. Der Aufbau wurde bei Magirus (Ulm) entwickelt und hergestellt.

BMW 315 (6 Zylinder, 1,5 Liter, 34 PS) als Kübelwagen Kfz. 1, gebaut in den Jahren 1934 bis 1936. 4 Sitze, Gewicht ca. 1000 kg, Gesamtmaße 4100 x 1500 x 1600 mm.

BMW 325
Leichter Einheits-Pkw.
Kfz. 3
1937–1940

BMW 325 als leichter Fernsprech- oder Funkkraftwagen

BMW 325 Fahrgestell mit Vierrad-Lenkung

Ein »eingezoger« BMW 335 als Dienstwagen eines Generals

	Leichter Einheits-Pkw BMW 325 1937–1940
Motor	BMW 325
Zylinderzahl	6 (Reihe)
Bohrung x Hub	66 x 96 mm
Hubraum	1971 ccm
Leistung	50 PS bei 3750 U/min
Verdichtung	1 : 6
Vergaser	2 Flachstromvergaser Solex 26 BFLV
Ventile	Hängend
	Stoßstangen und Kipphebel
	Seitliche Nockenwelle
	Antrieb durch Duplex-Kette
Kurbelwellenlager	4
Kühlung	Wasser/Pumpe
Schmierung	Trockensumpf, 6,5 Liter Öl
Batterie	12 V 50 Ah bzw.
	(bei Funkausrüstung) 90 Ah
Lichtmaschine	190 W
Anlasser	1,4 PS
Kraftübertragung	Allrad-Antrieb
	4 Sperrdifferentiale
Kupplung	Einscheibentrockenkupplung
Getriebe	5 Gang
Schaltung	Schalthebel Wagenmitte
Übersetzungen	Gelände 9,12
	I. 5,01, II. 2,86, III. 1,89, IV. 1,00
	Zwischengetriebe 1,358
Antriebs-Übersetzung	4,84
Fahrwerk	Kastenprofil-Rahmen
	Ganzstahlkarosserie
Vorderradaufhängung	Doppel-Querlenker
	Je 2 Schraubenfedern pro Rad
Hinterradaufhängung	Doppel-Querlenker
	Je 2 Schraubenfedern pro Rad
Lenkung	Vierrad-Spindellenkung
	Hinterrad-Lenkung abschaltbar
Fußbremse	Mechanisch, 4 Räder
Handbremse	Mechanisch, 4 Räder
Allgemeine Daten	
Radstand	2400 mm
Spur	1400/1400 mm
Gesamtmaße	3900 x 1690 x 1900 mm
Reifen	6,00-18 Gelände
Bodenfreiheit	235 mm
Watfähigkeit	500 mm
Spurkreis-∅	Mit Vorderrad-Lenkung 12,7 Meter
	Mit Vierrad-Lenkung 6,5 Meter
Wagengewicht	1775 kg
Zuläss. Gesamtgewicht	2200 kg
Nutzlast	425 kg
Höchstgeschwindigkeit	80 km/h
Verbrauch/100 km	Straße 17 Liter
	Gelände 25 Liter
Kraftstofftank	50 + 10 Liter (im Heck)
Fahrbereich	Straße 350 km, Gelände 240 km

Awtovelo BMW 321, 327 und 340 (1945–1951) EMW 327 und 340 (1952–1956)

Die Sowjetische Aktiengesellschaft Awtovelo betrieb nach der Besetzung Thüringens das ehemalige BMW-Werk Eisenach. Zunächst wurden Haushaltgegenstände und Handwagen hergestellt, dann auch Motorräder (BMW R 35). Nachdem bei der Demontage des Ambi-Budd-Preßwerks (Berlin-Johannisthal) die Karosserie-Werkzeuge für die BMW Typen 321, 326 und 327 nach Eisenach geholt worden waren, konnte dort schon im Oktober 1945 der Automobilbau wieder beginnen. Die Fertigung beschränkte sich jedoch jahrelang auf den unveränderten Vorkriegstyp 321. Seine Lieferung erfolgte fast ausschließlich an die sowjetische Besatzungsmacht oder in westliche Exportländer. Gebaut wurden 1945: 68, 1946: 1373, 1947: 2053, 1948: 2506, 1949: 2750, 1950: 250, insgesamt also genau 9000 Wagen des BMW 321.

Auch der BMW 327 ist wieder erschienen, jetzt aber mit Blinkern und vorn angeschlagenen Türen. 1948 entstanden die ersten 17 Wagen. Bis 1956 wurden 505 Stück gebaut, und zwar überwiegend als Cabriolet (17740 DM-Ost), zum wesentlich kleineren Teil aber auch als Coupé (18590 DM-Ost).

Der Awtovelo BMW 340 (1949–1951) bzw. EMW 340 (1952 – 1955) war vom Vorkriegs-BMW 326 abgeleitet. Vorgestellt wurde der BMW 340 beim Brüsseler Salon und bei der Leipziger Frühjahrs-Messe 1949. Auslieferung der Limousine BMW 340-2 ab Oktober 1949. Dazu kamen ab 1951 mit Aufbauten der IFA Karosserie-Werke Halle der Kombiwagen 340-7, der Sanitätskraftwagen 340-4 und der Kasten-Lieferwagen 340-3 (Nutzlast 500 kg). Seit Januar 1952, seit der Übergabe der Staatlichen AG. Awtovelo an die deutsche Verwaltung, lautet die Firmenbezeichnung »Eisenacher Motoren Werke«. Deren nunmehriges Markenzeichen »EMW« war weiß-rot statt weiß-blau. Preis Awtovelo BMW 340: Limousine 4 Türen 18440 DM-Ost. Preise EMW 340: Limousine 4 Türen 15000 DM-Ost, Kombi 2 Türen 14835 DM-Ost. Bis zur Produktionseinstellung 1955 wurden insgesamt 21249 BMW und EMW 340 hergestellt. Von allen Fahrzeugen der Typen 321, 327 und 340 gingen etwa 19000 Stück in den Export. Im eigenen Land liefen die EMW 340 Limousinen hauptsächlich als Dienstwagen in Verwaltung und Industrie. Außerdem blieben sie bis Mitte der sechziger Jahre in den Städten der DDR die meistgefahrenen Taxi.

»Kurzfristig lieferbar: BMW 2 Liter«. Inserat aus einer holländischen Automobilzeitschrift vom Februar 1949

	Awtovelo BMW 321 1945–1950	Awtovelo BMW 327 1948–1951 EMW 327 1952–1956	Awtovelo BMW 340 1949–1951 EMW 340 1952–1955	
Motor				
Zylinderzahl	6 (Reihe)		6 (Reihe)	
Bohrung x Hub	66 x 96 mm		66 x 96 mm	
Hubraum	1971 ccm		1971 ccm	
Leistung	45 PS bei 4000 U/min		55 PS bei 3750 U/min	
Drehmoment			11,2 mkg bei 2500 U/min	
Verdichtung	1 : 6		1 : 6,1	
Vergaser	1 Flachstromvergaser Solex 30 BFLVS		2 Fallstromvergaser Solex 32 PBI oder BVF F 323-1	
Ventile	Hängend Stoßstangen und Kipphebel Seitliche Nockenwelle Antrieb durch Duplex-Kette		Hängend Stoßstangen und Kipphebel Seitliche Nockenwelle Antrieb durch Duplex-Kette	
Kurbelwellenlager	4		4	
Kühlung	Pumpe / 9 Liter Wasser		Pumpe / 9 Liter Wasser	
Schmierung	Druckumlauf / 4,5 Liter Öl		Druckumlauf / 4,5 Liter Öl	
Batterie	6 V 75 Ah (im Motorraum)		6 V 75 Ah oder 84 Ah (im Motorraum)	
Lichtmaschine	130 W		130 W	
Kraftübertragung	Antrieb auf Hinterräder		Antrieb auf Hinterräder	
Kupplung	Einscheibentrockenkupplung		Einscheibentrockenkupplung	
Schaltung	Schalthebel Wagenmitte	Schalthebel Wagenmitte	Lenkradschaltung	
Getriebe	4 Gang		4 Gang	
Synchronisierung	III – IV		II – IV Freilauf (nicht abschaltbar) im I. + II. Gang	
Übersetzungen	I. 3,70 II. 2,22 III. 1,51 IV. 1,00		I. 3,85 II. 2,38 III. 1,54 IV. 1,00	
Antriebs-Übersetzung	4,55	3,90	4,55	4,55
Fahrwerk				
Karosserie	Kastenrahmen Ganzstahlkarosserie		Kastenrahmen Limousine: Ganzstahlkarosserie	Kastenrahmen Kombi- und Sanitätswagen: Holz-Stahl-Bauweise Lieferwagen: Kastenrahmen aus Holz
Vorderradaufhängung	Querlenker oben, 1 Querfeder unten		Querlenker oben, 1 Querfeder unten	
Hinterradaufhängung	starr, Halbfedern		starr, Dreieck-Schublenker, Längs-Federstäbe	
Lenkung	Zahnstange (14,6 : 1)		Zahnstange (15,5 : 1)	
Fußbremse	Hydraulisch, 4 Räder Trommel-∅ 280 mm, Breite 50 mm, Bremsfläche 1056 cm²		Hydraulisch, 4 Räder Trommel-∅ 280 mm, Breite 50 mm, Bremsfläche 1056 cm²	
Handbremse	Seilzug, Hinterräder		Seilzug, Hinterräder	
Schmierung	Eindruck-Zentral		Eindruck-Zentral	
Allgemeine Daten	**Limousine**	**Cabriolet und Coupé**	**Limousine**	**Kombi-, Sanitäts- und Lieferwagen**
Radstand	2750 mm	2750 mm	3870 mm	2884 mm
Spur vorn/hinten	1300/1300 mm	1300/1400 mm	1300/1400 mm	1300/1400 mm
Gesamtmaße	4470 x 1600 x 1650 mm	4500 x 1600 x 1420 mm	4600 x 1765 x 1630 mm	Kombi- und Sanitätswagen: 4850 x 1825 x 1660 mm Lieferwagen: 4630 x 1780 x 1700 mm
Reifen	5,25 oder 5,50-16	5,50 oder 5,75-16	5,50 oder 5,75-16	6,00-16 extra
Wendekreis	11 Meter	11 Meter	12 Meter	12,5 Meter
Wagengewicht	1000 kg	1110 kg	1280 kg	1350, Sanitätswagen 1400 kg
Zuläss. Gesamtgewicht	1600 kg	1600 kg	1700 kg	1750 kg
Höchstgeschwindigkeit	115 km/h	125 km/h	120 km/h	120 km/h
Verbrauch/100 km	11,5 Liter	12 Liter	13 Liter	14 Liter
Kraftstofftank	50 Liter (im Heck)	50 Liter (im Heck)	65 Liter (im Heck)	65 Liter (im Heck)

Awtovelo BMW 340 bzw. EMW 340–2 Limousine 4 Türen 1949–1955

EMW 340–4 Sanitätswagen 1951–1955

EMW 340–3 Kastenlieferwagen 1951–1955

Awtovelo BMW 321
Limousine 2 Türen
1945–1950

Dieser BMW 340 S wurde als Prototyp auf der Leipziger Frühjahrsmesse 1949 gezeigt. Er besaß das Fahrwerk des BMW 340, den 80 PS-Motor des früheren BMW 328 und eine völlig neue, sehr gut gezeichnete Leichtmetall-Karosserie. Der Wagen war als Nachfolger des BMW 327 gedacht, ging aber nicht in Serie, weshalb dann doch die Herstellung des BMW 327 in der früheren Form wieder aufgenommen wurde.

Der BMW 342, als Prototyp auf der Leipziger Frühjahrsmesse 1951 vorgestellt, sollte den BMW 340 ablösen, was dann aber unterblieb. Bei diesem Modell war die vordere Querfeder durch Federstäbe ersetzt. Vor allem aber war die neue Karosserie bei gleichem Gewicht um 20 cm länger, 10 cm breiter und 30 cm niedriger. Im übrigen gewann der Wagen schon dadurch ein besseres Aussehen, daß man wieder zum gewohnten BMW-Gesicht zurückgekehrt war.

Ebenfalls auf der Leipziger Frühjahrsmesse 1951 stand der BMW 343 als Prototyp. Als technische Besonderheit besaß er hinten Schraubenfedern statt der Federstäbe. Die neue Karosserie war die gleiche wie beim 342, doch war die Front nach amerikanischer Mode gestaltet, was vermutlich im Hinblick auf das Exportgeschäft geschah. Bei diesem Modell sollte die Motorleistung auf 65 PS gesteigert werden.

EMW 327–3
Sport-Coupé 2/2 Sitze
1949–1956

EMW 327–2
Sport-Cabriolet 2/2 Sitze
1948–1956

BMW 328 nach 1945: Andere Marken und Verkleidungen

Trotz des totalen Zusammenbruchs und seiner Folgen erwachte der Motorsport in den westlichen Besatzungszonen Deutschlands überraschend bald wieder zu neuem Leben. Das mag 1946 einige ehemalige BMW-Mitarbeiter bewogen haben, die Veritas GmbH. in Meßkirch/Baden zu gründen, um auf der Grundlage noch vorhandener oder wiederaufbereiteter Motoren und Fahrgestelle des BMW 328 wettbewerbsfähige Renn- und Sportwagen zu bauen. Das geschah auch, und zwar mit für damalige Verhältnisse erstaunlichen Erfolgen. Weil jedoch das vorhandene Material bald aufgebraucht war, verwendete Veritas ab 1950 neu entwickelte Leichtmetallmotoren von Heinkel. Die Fahrzeuge, die herauskamen, waren beachtlich, doch leider operierte das Unternehmen, das seinen Sitz zuerst nach Rastatt und dann an den Nürburgring verlegte, wenig glücklich, und es war sicherlich auch nur ungenügend mit Kapital ausgestattet. Nach der zweiten Pleite übernahm 1953 BMW die Reste der Veritas-Nürburgring samt deren Ingenieur Ernst Loof. Dieser entwickelte dann bei BMW in München einen Sportwagen, dessen Prototyp 1954 sogar öffentlich vorgezeigt wurde. Er ging in dieser Form zwar nicht in Serie, bildete aber wohl die Vorstufe für den ein Jahr später herausgekommenen BMW 507. Loof lebte dann nicht mehr lange, und die Marke Veritas, die in den ersten Nachkriegsjahren trotz vielerlei Fehlschlägen in hohem Ansehen stand, kennt heute fast keiner mehr.

In England gab es den BMW 328 nach 1945 noch viele Jahre länger: Unter anderen Marken und Verkleidungen. Schon 1935 hatte die englische Sportwagenfirma Frazer-Nash das gesamte Verkaufsprogramm der BMW Automobile übernommen, um sie teils fertig importiert, teils bei A.F.N. montiert, in England als Frazer-Nash/BMW anzubieten. Das Geschäft ging gut, und BMW nahm auf den Partner viel Rücksicht. Ihm zuliebe wurde beispielsweise der BMW 335 erstmalig auf der Londoner Olympia Show 1938 gezeigt. Nach dem zweiten Weltkrieg baute Frazer-Nash gemeinsam mit der Firma Bristol, aber ohne Hinweis auf BMW, noch bis in die sechziger Jahre Sportwagen, die vom BMW 328 abgeleitet waren. Den Bristol zierte man sogar bis 1953 mit dem BMW-typischen Nierenkühler!

**Veritas 2 Liter
Sport-Coupé
1949**

**Veritas 2 Liter
Sport-Coupé »Saturn«
Karosserie Spohn
1950**

**Veritas-Nürburgring 2 Liter
Cabriolet 4 Sitze
Karosserie Spohn
1951–1952**

Bristol 400
6 Zylinder, 2 Liter, 80 PS
Sport-Coupé 2/2 Sitze
1947–1950

Bristol 401
6 Zylinder, 2 Liter, 80 PS
Sport-Cabriolet 2/2 Sitze
Karosserie Pininfarina
1950–1953

Bristol 401
6 Zylinder, 2 Liter, 80 PS
Sport-Limousine 4 Sitze
Karosserie Lizenz Touring
1950–1953

Farbbeilage: Eisenacher Automobile von 1900 bis 1940

Wartburg Kutschierwagen
Lizenz Decauville
Baujahr etwa 1900
(ausgestellt im Museum des Automobilwerks Eisenach)

Dixi R 8
4 Zylinder 6/14 PS
Tourenwagen offen
Baujahr etwa 1910
(ausgestellt im Museum des Automobilwerks Eisenach)

VL - P 194

Dixi 6/24 OS
Stadt-Coupé
(Inserat 1924)
←

→
Dixi 3/15 PS
(Typ DA 1)
Zweisitzer offen
1928

BMW 3/15 PS
(Typ DA 2)
Cabriolet 3/4 Sitze
1930
→

←
Dixi 3/15 PS
(Typ DA 1)
Tourer 3/4 Sitze
1928

BMW 3/20 PS
4 Zylinder, 0,8 Liter
Limousine 2 Türen
Karosserie Sindelfingen
1932–1934
(ausgestellt im
BMW-Museum)

BMW 303
6 Zylinder, 1,2 Liter
Limousine 2 Türen
Karosserie Ambi-Budd
1933

BMW 315
6 Zylinder, 1,5 Liter
Cabriolet 4 Fenster
Modell 1935
(sehr schön erhaltener Wagen
eines polnischen Besitzers)

BMW 315/1
6 Zylinder, 1,5 Liter
Sport-Zweisitzer
1934–1936
(ausgestellt im
BMW-Museum)

BMW 321
6 Zylinder, 2 Liter
Limousine 2 Türen
Karosserie Ambi-Budd
1939–1941

BMW 326
6 Zylinder, 2 Liter
Limousine 4 Türen
Karosserie Ambi-Budd
1939–1941

BMW 327 bzw. 327/28
6 Zylinder, 2 Liter
Sport-Coupé 2/2 Sitze
1938–1939

BMW 328
6 Zylinder, 2 Liter
Sport-Zweisitzer
1937–1939
(ausgestellt im Museum des Automobilwerks Eisenach)

BMW 328 Mille Miglia
6 Zylinder, 2 Liter
Rennsport-Zweisitzer
1940
(ausgestellt im BMW-Museum)

BMW 335
6 Zylinder, 3,5 Liter
Cabriolet 4 Türen
Karosserie Autenrieth
1939/40
(ausgestellt im
BMW-Museum)

BMW 335
6 Zylinder, 3,5 Liter
Cabriolet 4 Türen
Karosserie Autenrieth
1939/40
(Besitzer:
Peter de Crousaz, Würselen)

Die Bayerischen Motoren Werke seit 1945 und die BMW Automobile aus München

Der Zusammenbruch des Jahres 1945 bedeutete für die Bayerischen Motoren Werke nicht nur den Stillstand der Fertigung, sondern auch die zeitweise Beschlagnahme und teilweise Demontage der beiden Münchener Betriebe, dazu den völligen Verlust der in Thüringen und Brandenburg gelegenen Fabriken. Das Flugmotorenwerk München-Allach beanspruchte dann jahrelang mietweise die US-Armee als Kraftfahrzeug-Reparaturbetrieb. Nur im Stammwerk München-Milbertshofen konnte nach Improvisationen mit Kochtöpfen, Bäckereimaschinen und Baubeschlägen bereits 1948 die Produktion von Motorrädern (zunächst BMW R 24) wieder anlaufen. Damit war in jenen Aufbaujahren ein recht gutes Geschäft zu machen, dessen Volumen allerdings nicht ausreichte, eine Firma dieser Größe angemessen zu beschäftigen. An die Weiterführung des Flugmotorenbaus war damals überhaupt nicht zu denken. So lag die Rückkehr zur Automobilproduktion nahe, zumal BMW auf diesem Gebiet über Erfahrung und einen trotz der langen Zwangspause immer noch ausgezeichneten Markenruf verfügte.

Freilich war die Zeit seit Kriegsende zu weit fortgeschritten, als daß man das Autogeschäft zunächst mit einem bewährten, aber unveränderten Vorkriegsmodell hätte weiterführen können, wie dies Mercedes-Benz, Opel, Ford und eigentlich auch VW mit Erfolg praktiziert hatten. Werkzeuge hierfür wären bei BMW sowieso nicht vorhanden gewesen. So erwogen die Münchener den Lizenznachbau eines ausländischen Fabrikats, ehe sie dann aber doch lieber eine eigene Konstruktion realisieren wollten. Direktor Fritz Fiedler sowie seine Mitarbeiter Böning und der für die Karosserielinie verantwortliche Schimanowski hatten zwei Entwicklungen vorbereitet. Zum einen handelte es sich um einen in Form und Technik sehr ansprechenden Kleinwagen (BMW 331). Äußerlich sah er dem Fiat Topolino ähnlich, während sein 600 ccm Zweizylinder-Boxermotor mit Gebläsekühlung aus dem großen BMW Motorrad stammte. Doch Direktor Hanns Grewenig, von der Deutschen Bank als kaufmännischer Vorstand des Werks eingesetzt, befand, daß ein solches Kleinauto der Firma BMW nicht würdig sei. »Wir bauen für die Crème der Gesellschaft!« Nun wäre die Zweisitzigkeit des Wagens, der seinem Entwurf nach zum Viersitzer nicht taugte, sicherlich auf die Dauer ein Problem geworden. Aber um sich auf dem Automobilmarkt auch zahlenmäßig wieder Geltung zu verschaffen, hätte dieser BMW 331 als Einstieg in eine darauf aufbauende Modellreihe genau in die damalige Landschaft gepaßt, besser jedenfalls, als der große Luxuswagen, für dessen Produktion sich Aufsichtsrat und Vorstand nun entschieden.

Trotz verschiedener Finanzquellen, die man dafür in Anspruch nehmen konnte, kostete es auch erhebliche Eigenmittel, die Fabrikation von Automobilen in München völlig neu einzurichten. Größter Brocken war dabei das eigene Karosserie- und Preßwerk, dessen Ausbau sich bis 1955 hinzog. Um dennoch den Produktionsbeginn des neuen Wagens nicht noch länger hinausschieben zu müssen, ließ BMW anfangs alle und dann jahrelang einen Teil der Karosserien bei der Firma Baur (Stuttgart) anfertigen.

Im November 1952 begann die Auslieferung des repräsentativen BMW 501. Er fand beim Publikum viel Beachtung, aber nur mäßigen Zuspruch bei dem damals dafür noch ziemlich kleinen Interessentenkreis. Schließlich bedurfte die Karosserielinie, inspiriert vom englischen Austin, erst einiger Gewöhnung. Vor allem aber erschien es schwer begreiflich, warum BMW auf den für dieses voluminöse Auto zu schwachen 326-Vorkriegsmotor zurückgriff, obwohl ohnehin neue Produktionsmittel beschafft werden mußten. Erst 1954 schob man einen modernen, hinreichend leistungsfähigen V8-Motor nach, den ersten und lange Zeit einzigen deutschen Achtzylinder nach 1945. Aber auch mit den nun starken Autos ernteten die Münchener zwar viele Komplimente, doch bei weitem zu wenig Kaufverträge.

Dazu kam die sich rasch verschärfende Zweiradkrise, was dazu führte, daß die Erträge des Motorradgeschäftes nicht mehr die Verluste aus dem Automobilbau ausglichen. Die Isetta, deren Lizenzproduktion 1955 begann, brachte ebenfalls nicht den erhofften Gewinn, und der BMW 600 schließlich, der von 1957 bis 1959 gebaut wurde, führte zu weiteren beträchtlichen Verlusten.

Im Herbst 1958 wurde die Finanzkrise, in welche das Unternehmen durch Mißwirtschaft und Fehlplanungen geraten war, der Öffentlichkeit bekannt. 12 Millionen DM Verlust hatte BMW in diesem Jahr »erwirtschaftet«, wovon 6,5 Millionen durch Auflösung der letzten Reserven getilgt, 5,5 Millionen auf neue Rechnung vorgetragen wurden. 1959 aber kamen weitere 9,2 Millionen DM Verlust hinzu, und damit war die Hälfte der 30 Millionen DM Aktienkapital verloren. Über ein Jahr lang bemühte sich die Verwaltung nun vergeblich um weitere Bankkredite und Staatsbürgschaften. Schließlich kam es zur ebenso dramatischen wie denkwürdigen Hauptversammlung vom 9. Dezember 1959: Aufsichtsrat-Vorsitzender Dr. Hans Feith (Deutsche Bank) legt ein Sanierungsangebot vor, das die Kleinaktionäre nahezu enteignet hätte und darauf hinauslief, die Bayerischen Motoren Werke für einen billigen Preis der Daimler-Benz AG. (Großaktionär: Deutsche Bank) anzugliedern. Dieses ultimative Angebot war bis zum Termin der Hauptversammlung befristet, wobei Aufsichtsrat und Verwaltung – Generaldirektor Dr. Richter-Brohm war zwei Jahre vorher ebenfalls von der Deutschen Bank eingesetzt worden – übereinstimmend erklärten, daß sich als einzige Alternative nur die Konkurserklärung böte. So schien der Verkauf von BMW an Daimler-Benz bereits eine abgemachte Sache zu sein, zumal die Deutsche Bank dank der Depotstimmen zahlreicher BMW-Aktionäre normalerweise über die Hälfte des Kapitals vertrat. Aber es kam anders. Dadurch ermutigt, daß sich überraschend die MAN erbot, das Werk Allach, wo inzwischen der Bau von Flugtriebwerken wieder angelaufen war, für 30 Millionen DM zu übernehmen, lehnten die Kleinaktionäre den Sa-

BMW in Zahlen	**Belegschaft**	**Umsatz** (Mill. DM)	**Gewinn/Verlust** (Mill. DM)	**Aktienkapital** (Mill. DM)
1946	980	1,8	minus 1,0	
1947	1060	3,2	minus 1,0	
1948	1230	4,2	minus 1,9	
1949	2380	19,9	minus 1,9	
1950	8720	36,5	plus 1,0	30
1951	9300	57,5	plus 0,7	30
1952	9570	82,2	minus 0,1	30
1953	9200	87,9	plus 0,1	30
1954	8000	95,1	plus 1,1	30
1955	6900	138,0	plus 0,1	30
1956	5750	148,6	minus 6,4	30
1957	6040	148,2	minus 6,5	30
1958	6540	195,3	minus 12,0	30
1959	5950	170,3	minus 9,2	30
1960	6960	239,3	–	22,5
1961	6800	248,6	–	60
1962	9200	294,1	plus 2,5	60
1963	10100	433,1	plus 3,8	60
1964	10800	515,1	plus 6,5	60
1965	11070	590,7	plus 9,2	75
1966	13070	755,9	plus 10,7	100
1967	12470	870,8	plus 12,2	100
1968	18040	1032,4*)	plus 17,1	100
1969	21300	1443,4	plus 22,8	100
1970	22900	1724,4	plus 34,2	200
1971	23300	1907,1	plus 32,2	250
1972	24750	2319,3	plus 92,9	250
1973	27730	2608,0	plus 93,2	275
1974	25800	2492,3	plus 42,0	300
1975	29000	3254,5	plus 74,0	300
1976	30200	4287,0	plus 126,0	330
1977	33400	4993,0		330

*) ab 1968: Netto-Umsatz (ohne Umsatzsteuer)

nierungsplan der Deutschen Bank ab und erklärten sich bereit, selbst weitere 30 Millionen DM zur Aufstockung des zuvor herabgesetzten Kapitals aufzubringen.

Freilich hätte es kaum allein genügt, die Selbständigkeit der Bayerischen Motoren Werke zu erhalten, daß hierzu die Masse der Kleinaktionäre fest entschlossen war. Als deren Sprecher trat auf der Hauptversammlung der Frankfurter Rechtsanwalt und Wirtschaftsprüfer Dr. Friedrich Mathern hervor. Dank seiner Beschlagenheit im Aktienrecht gelang ihm der geniale Schachzug, die Vertagung der Hauptversammlung durch- und die Vertreter der Deutschen Bank mattzusetzen. Dr. Mathern, der eigentliche Retter von BMW, gehörte von Ende 1960 bis Ende 1966 dem Aufsichtsrat der Firma an. 1968 erlitt er 61 Jahre alt einen tödlichen Herzanfall.

Als glücklicher Umstand für die nunmehr eingeleitete Sanierung von BMW erwies es sich, daß unmittelbar nach jener entscheidenden Hauptversammlung die Quandt-Gruppe als neuer Großaktionär des Unternehmens in Erscheinung trat. Sie hatte zuvor das Aktienpaket des Bremer Holzkaufmanns Krages übernommen und damit ihren Anteil am BMW-Kapital auf etwa 15 % gebracht. Vor allem Dr. Herbert Quandt nahm von nun an unternehmerisch regen Einfluß auf die Geschicke des Werks, was seither gewiß nicht zum Schaden der vielen Mitaktionäre geschah. Vor allem verstand er es, die Bayerischen Motoren Werke, wann immer es nötig war, mit hochqualifizierten Führungspersönlichkeiten zu versorgen. Seit 1969 hält oder kontrolliert Dr. Herbert Quandt, inzwischen selbst Vorsitzender des Aufsichtsrates, über die Hälfte des Aktienkapitals.

Abgeschlossen und gesichert wurde die Sanierung der Münchener Firma auf der Hauptversammlung vom 30. 11. 1960. Den Vorsitz im Aufsichtsrat von BMW führte in diesem entscheidenden Jahr Dr. Johannes Semler, der legendäre Firmen-Sanierer jener Zeit. Gleich anschließend wurde er nach Bremen berufen, um die drohende Borgward-Pleite abzuwenden. Hier blieb ihm dann zum ersten Mal der Erfolg versagt, bei BMW aber hatte er ein schweres Pensum bravourös bewältigt. Freilich sah bei der Generalversammlung 1960 die Lage nicht mehr so trostlos aus wie im Jahr zuvor, denn inzwischen hatte sich der BMW 700 überraschend gut eingeführt, so daß wenigstens kein weiterer Betriebsverlust entstanden war. Mit dem Gelingen der Sanierung standen der Verwaltung endlich die Mittel zur Verfügung, die für die Produktion der »Neuen Klasse«, des BMW 1500 und seiner Folgetypen, benötigt wurden. 1962 lief deren Serienfertigung an, und zwar mit so durchschlagendem Erfolg, daß ein geradezu raketenhafter Wiederaufstieg der Firma begann. Nach 20 Jahren Pause gab es 1963 zum ersten mal eine, wenn zunächst auch nur bescheidene Dividende. Selbst die Rezession ab 1970 hat BMW kaum berührt, und heute zählt das Unternehmen zu den gesündesten weit und breit.

Seit 1973 steht das neue BMW Verwaltungshochhaus, im Volksmund »Größter Vierzylinder der Welt« genannt. Der Grundriß des 22-geschossigen, fast 100 Meter hohen Bauwerks hat die Form eines Kleeblatts. 2000 Arbeitsplätze stehen zur Verfügung. – Die fensterlose Betonschale links im Bild beherbergt das BMW-Museum, sehenswert nicht nur wegen der ausgestellten Automobile und Motorräder, sondern auch wegen der attraktiven architektonischen Gestaltung.

1966 war die Hans Glas GmbH. (Dingolfing) finanziell am Ende. Dieser patriarchalisch geführte Familienbetrieb hatte hauptsächlich durch den Bau des Goggomobils Popularität erlangt, sich dann aber mit der Entwicklung anspruchsvoller Automobile übernommen. Die Bayerischen Motoren Werke übernahmen kurzerhand den ganzen Laden, und zwar auf Drängen der bayerischen Staatsregierung. BMW zahlte 10

Millionen DM an die Familie Glas und übernahm die Schulden der Firma in Höhe von mindestens 50 Millionen DM. Einerseits war dieses Geschäft ein riskanter Kraftakt, andererseits verschaffte es dem Werk Bewegungsfreiheit für die bevorstehende Notwendigkeit kräftiger Expansion. Erst das Werk Dingolfing ermöglichte den Bayerischen Motoren Werken das atemberaubende Wachstum der letzten Jahre. Die einstigen Holzgebäude der Firma Glas ersetzte BMW durch zwei völlig neue, hochmodern eingerichtete Fabrikhallen, in welchen 1973 der Betrieb aufgenommen wurde. Weitere 100 Millionen DM hatte man hierfür investieren müssen. Doch immerhin arbeiten dort heute 10000 Leute, wo Hans Glas in seiner besten Zeit an die 4000 beschäftigte. BMW baut in Dingolfing jetzt die Autos der 5er-, 6er- und 7er-Reihen, im Münchener Stammwerk alle Autos der 3er-Reihe, und die inzwischen ebenfalls wieder bestens verkäuflichen Motorräder seit 1967 in Berlin-Spandau.

Schließlich sei als wichtiges Ereignis in der Nachkriegsgeschichte von BMW verzeichnet, daß 1973 das neue Verwal-

Bereits 1950 hatte Fritz Fiedler den BMW 331 entwickelt, einen kleinen Zweisitzer mit luftgekühltem 600 ccm Zweizylinder-Boxermotor und Hinterrad-Antrieb. Ungeachtet seiner auffallenden Ähnlichkeit mit dem italienischen Fiat Topolino wäre dieses entzückende Automobilchen mit größter Wahrscheinlichkeit ein ausgezeichnetes Geschäft für BMW geworden. Doch der damals maßgebliche Mann des Hauses, Direktor Hanns Grewenig, der später die Isetta und vor allem auch den skurilen BMW 600 bauen ließ, fand den Fiedlerschen BMW 331 nicht fein genug, das weiß-blaue Markenzeichen zu tragen. So unterblieb die Produktion dieses aussichtsreichen Modells.

tungs-Hochhaus (»Vierzylinder«) fertiggestellt wurde. Das 100 Meter hohe Gebäude mit 2000 Arbeitsplätzen gilt seitdem dank seiner außergewöhnlichen Architektur und Struktur als Wahrzeichen der Münchener Fabrik. Es symbolisiert die neue Kraft und Stärke der Bayerischen Motoren Werke.

Die führenden Männer von BMW seit 1945: Kurt Donath † (1945–1957), Hanns Grewening † (1949–1957), Dr. Heinrich Richter-Brohm (1957–1960), Dr. Karl Heinz Sonne (1962 bis 1965), Gerhard Wilcke (1965–1969), Eberhard von Kuenheim (ab 1970). Entwicklung und Konstruktion: Fritz Fiedler † (1949–1964), Bernhard Osswald (1965–1975), Dr.-Ing. Karlheinz Radermacher (ab 1975). Verkauf: Paul G. Hahnemann (1961–1971), Robert A. Lutz (1972–1974), Hans-Erdmann Schönbeck (ab 1974). Finanzen: Ernst Kämpfer (1958–1963), Friedrich W. Pollmann (1963–1969). Vorsitz im Aufsichtsrat: Dr. Hans Karl von Mangoldt-Reiboldt (1946–1959), Dr. Hans Feith (1959–1960), Dr. Johannes Semler (1960–1961), Dr. Hermann Karoli (1962–1972), Dr. phil. h. c. Herbert Quandt (ab 1974).

BMW ließ, bevor man sich für die im Werk entwickelte Form des Sechszylinder-Wagens 501 entschied, als Alternative einen Prototyp von Pininfarina bauen, dem damals führenden Karosseriekünstler der Welt. Commendatore Pininfarina († 1966) schuf die hier abgebildete Limousine, deren Form der damaligen Mode um Jahre vorauseilte. Wesentliche Stilelemente erinnern an die heutige S-Klasse von Daimler-Benz, gegen die Pininfarinas BMW heute noch, 27 Jahre später, konkurrenzfähig wäre. Doch BMW entschied sich schließlich für den werkseigenen Entwurf, der in seiner Eigenwilligkeit ebenfalls eindrucksvoll war, doch mit größter Wahrscheinlichkeit hätte die italienische Linie auf die Dauer mehr Anklang gefunden als der ziemlich englische Stil des 501.

BMW 501 Sechszylinder (1952–1958)

Erster BMW Personenwagen nach dem Krieg. Hervorragend konstruiertes Fahrgestell. Leichtgängige und exakte, aber auf schlechter Fahrbahn zu nervöse Kegelradlenkung. Karosserie mit Kotflügellinie im Stil des englischen Austin zwar recht eigenwillig geformt, aber geräumig, übersichtlich und komfortabel eingerichtet. Aus Vorkriegstyp BMW 326 übernommener Zweiliter Sechszylinder-Motor vom Gewicht und der Klasse des Wagens überfordert. Beachtlicherweise (allerdings konstruktionsbedingt und primär nicht aus Sicherheitsgründen) schon damals kurze Lenksäule und Kraftstofftank über der Hinterachse.

BMW 501: Prototyp auf der Frankfurter Automobil-Ausstellung April 1951. Produktion erst ab November 1952. Nur mit serienmäßig eingebautem Becker-Autoradio lieferbar, um die Exklusivität des Wagens zu betonen. Diese Ausführung mit 65 PS-Motor läuft bis März 1954.

Ab März 1954: BMW 501 A und einfach ausgestatteter BMW 501 B mit 72 PS Motorleistung. Ab März 1955: BMW 501/6, Motor auf 2,1 Liter Hubraum aufgebohrt, Limousine mit einfacher Ausstattung entfällt wieder.

Zum Jahresende 1958 lief die Produktion der BMW 501 Sechszylinder aus, noch 17 Wagen wurden in den folgenden Jahren einzelgefertigt. Insgesamt wurden 8936 Wagen des Typs BMW 501 mit Sechszylinder-Motor hergestellt. Anfangs stammten alle und bis 1955 ein Teil der Limousinen-Karosserien, nämlich insgesamt 1870 Stück, von der Karosseriefabrik Baur (Stuttgart). Ferner lieferte Baur 8 Stück BMW 501 A und 37 Stück BMW 501/6 als Cabriolet oder Coupé.

BMW 502 – 2,6 Liter (1954–1964)
BMW 501 Achtzylinder (1955–1962)
BMW 502 – 3,2 Liter (1955–1962)
BMW 502 – 3,2 Liter Super (1957–1964)

BMW 502: Erster deutscher Achtzylinder-Personenwagen nach dem Krieg. Fahrgestell und Karosserie wie BMW 501, jedoch mehr Chrom, eingebaute Nebelleuchten, Blinker statt Winker sowie ab September 1955 Panorama-Heckscheibe.

So wurde der BMW 501 im April 1951 zum ersten Mal der Öffentlichkeit vorgestellt. Serienreif aber war der Prototyp noch nicht. Erst im November 1952 konnte die Produktion aufgenommen werden.

Preise		**BMW 501**					
1952–1953		DM 15 150,– (einschl. Radio)					
	BMW 501 B	**BMW 501 A**			**BMW 501 A Coupé 2/2 Sitze**	**BMW 501 A Cabriolet 2/2 Sitze**	**BMW 501 A Cabriolet 4 Türen**
März 1954	DM 12 680,–	DM 14 180,–			–	–	–
Aug. 1954	DM 11 950,–	DM 13 150,–			DM 18 100,–	DM 18 200,–	DM 18 200,–
		BMW 501 6 Zylinder			**BMW 501 6 Zylinder Coupé 2/2 Sitze**	**BMW 501 6 Zylinder Cabriolet 2/2 Sitze**	
April 1955		DM 12 500,–			DM 17 850,–	DM 17 950,–	
Juli 1956		DM 11 500,–			–	–	
	BMW 501 8 Zylinder	**BMW 502 2,6 Liter**	**BMW 502 3,2 Liter**	**BMW 502 3,2 Liter Super**	**BMW 502 2,6 Liter Coupé 2/2 Sitze**	**BMW 502 2,6 Liter Cabriolet 2/2 Sitze**	**BMW 502 2,6 Liter Cabriolet 4 Türen**
1954	–	DM 17 800,–	–	–	DM 21 800,–	DM 21 900,–	DM 21 900,–
1955	DM 13 950,–	DM 16 450,–	DM 17 850,–	–	DM 20 850,–	DM 20 950,–	–
					BMW 503 Coupé	**BMW 503 Cabriolet**	**BMW 507 Roadster**
1956	DM 14 450,–	DM 16 950,–	DM 18 350,–	–	DM 29 500,–	DM 29 500,–	DM 26 500,–
Sept. 1957	DM 13 450,–	DM 16 450,–	DM 17 850,–	DM 19 770,–	DM 31 500,–	DM 31 500,–	DM 28 500,–
Juli 1958	DM 13 450,–	DM 16 450,–	DM 17 850,–	DM 19 770,–	DM 32 950,–	DM 32 950,–	DM 29 950,–
März 1960	DM 13 450,–	DM 16 450,–	DM 17 850,–	DM 20 240,–	–	–	–
April 1960	DM 15 450,–	DM 17 450,–	DM 18 850,–	DM 21 240,–	–	–	–
	BMW 2600	**BMW 2600 L**	**BMW 3200 L**	**BMW 3200 S**	**BMW 3200 CS**		
1961–1963	DM 16 240,–	DM 18 240,–	DM 19 640,–	DM 21 240,–	DM 29 850,–		

Völlig neuer, Format und Klasse des Wagens entsprechender Leichtmetall-V8-Motor. Vorgestellt Genfer Salon 1954. Gebaut ab Juli 1954 bis März 1964. Typenbezeichnung ab Herbst 1958: BMW 2,6 Luxus. Ab September 1961: BMW 2600 L (mehr Leistung, Scheibenbremsen, runde Heckleuchten).

BMW 501 Achtzylinder: 2,6 Liter V8-Motor in der Karosserie des BMW 501 (kleineres Heckfenster, ohne zusätzlichen Chrom). Gebaut ab März 1955 bis Sommer 1962. Typenbezeichnung ab Herbst 1958: BMW 2,6. Ab September 1961: BMW 2600 (mehr Leistung, Scheibenbremsen, runde Heckleuchten).

BMW 502 – 3,2 Liter: Gleicher Wagen wie BMW 502, jedoch V8-Motor auf 3,2 Liter aufgebohrt. Vorgestellt Frankfurter Automobil-Ausstellung September 1955. Gebaut ab Oktober 1955 bis Sommer 1962. Typenbezeichnung ab Herbst 1958: BMW 3,2. Ab September 1961: BMW 3200 L (mehr Leistung, Scheibenbremsen, runde Heckleuchten).

BMW 502 – 3,2 Liter Super: 2 Vergaser und noch höhere Motorleistung. Gebaut ab April 1957 bis März 1964. Ab Oktober 1959 serienmäßig Scheibenbremsen. Typenbezeichnung ab September 1961: BMW 3200 S (mehr Leistung, runde Heckleuchten).

Abweichend von den Verkaufsbezeichnungen wurden werksintern alle Wagen mit 2,6 Liter V8-Motor als Typ 502 und alle Wagen mit 3,2 Liter V8-Motor als Typ 506 geführt. Die Produktion betrug 9109 Wagen der Typen 502 und 3935 Wagen der Typen 506. Alle Limousinen besaßen werkseigene Karosserien. Die Karosseriefabrik Baur (Stuttgart) lieferte 1954/55 etwa 230 Cabriolets und Coupés mit Achtzylinder-Motor, eingerechnet 50 Viertüren-Cabriolets. Etwa 50 weitere Cabriolets und Coupés fertigte Autenrieth (Darmstadt). Diese Firma hielt sich bei einem Teil der Wagen nicht an den vorgegebenen BMW-Karosseriestil (Kühlermaske, Kotflügellinie), was einige Male zu beachtenswerten, sonst aber zu unbefriedigenden Ergebnissen führte.

BMW 505 (1955)

Um zum damaligen Mercedes-Benz Typ 300 (»Adenauer-Typ«) eine Alternative zu bieten, stellten die Bayerischen Motoren Werke auf der Frankfurter Automobil-Ausstellung September 1955 den BMW 505 vor. Er besaß ein verstärktes, um 200 mm verlängertes Fahrgestell des Typs 502 mit 120 PS 3,2 Liter V8-Motor, vor allem aber eine Pullman-Karosserie, entworfen von Michelotti (Turin) und gefertigt von der schweizerischen Firma Ghia-Aigle (Lugano). Zur luxuriösen Komfortausstattung gehörten elektrohydraulische Heber für Seitenfenster und Trennscheibe, Sprechanlage zwischen Fahrer- und Passagierraum, Klubsessel-Rücksitze, Getränkebar, ausklappbare Schreibplatte mit Beleuchtung, Radio-Fernbedienung, dazu viel Edelholz sowie beste Stoffe und Teppiche. Radstand 3055 mm, Spur 1343/1429 mm, Gesamtmaße 5100 x 1830 x 1630 mm, Reifen 6,70–15, Getriebe wie BMW 502, Antriebsübersetzung wie BMW 503.

Gedacht war der BMW 505 als »Staatskarosse« für Bundeskanzler Dr. Adenauer, der mit seinem seither gefahrenen Mercedes 300 nicht recht zufrieden war. Adenauer unternahm tatsächlich zwei längere Probefahrten mit dem BMW, entschied sich dann aber doch für die Anschaffung eines nach seinen Vorstellungen hergerichteten Mercedes-Benz Typ 300c. Daraufhin erschien den Bayerischen Motoren Werken das Risiko zu groß, den BMW 505 serienmäßig herauszubringen. Es blieb bei den zwei vorhandenen Musterwagen.

BMW 503 (1956–1959)

Coupé und Cabriolet mit ziemlich langer Motorhaube, insgesamt etwas monströs und flächig ausgefallen. Entwurf: Graf Goertz. Vorgestellt auf der Frankfurter Automobil-Ausstellung September 1955. Von Mai 1956 bis März 1959 wurden 413 Wagen gebaut.

BMW 507 (1956–1959)

Hinreißend schöner Roadster, der noch heute, 20 Jahre später, als Rarität zum ursprünglichen Kaufpreis gehandelt wird. Entwurf: Graf Goertz. Vorgestellt auf der Frankfurter Automobil-Ausstellung September 1955. Von November 1956 bis März 1959 wurden 252 Exemplare gebaut. (Etwa 70 existieren heute noch in Europa).

BMW 3200 CS (1962–1965)

Interne Werksbezeichnung: BMW 532. Nachfolger des BMW 503. Karosserie Bertone (Turin). Sehr solid gebaut. Wirkte zu seiner Zeit fast zu unauffällig, doch zeigte sich die Brillanz seiner Linie später beim Vergleich mit dem Werks-Coupé 2800 CS. Auch der BMW 3200 CS ist heute ein unter Kennern hochgeschätztes Modell. Vorgestellt auf der Frankfurter Automobil-Ausstellung September 1961. Von Februar 1962 bis September 1965 wurden 538 Wagen ausgeliefert.

Produktion	BMW 501	BMW 501/6	BMW 502 2,6 Liter	BMW 506 3,2 Liter	BMW 505	BMW 503	BMW 507	BMW 3200 CS	
1952	49								**49**
1953	1 592								**1 592**
1954	3410		186	4					**3 600**
1955	641	1 386	2 364	157	2	2	2		**4 554**
1956		1 080	1 999	529		154	13		**3 775**
1957		611	540	358		64	91		**1 664**
1958		150	916	564		143	98		**1 871**
1959		7	1 170	528		50	48		**1 803**
1960		5	259	397					**661**
1961		5	730	780				3	**1 518**
1962			615	269				25	**909**
1963			315	235				142	**692**
1964			15	14				253	**282**
1965								115	**115**
	5 692	**3 244**	**9 109**	**3 935**	**2**	**413**	**252**	**538**	**23 185**

	BMW 501 1952–1954	BMW 501 A BMW 501 B 1954–1955	BMW 501 Sechszylinder 1955–1958	
Motor	Vergasermotor	Vergasermotor	Vergasermotor	
Zylinderzahl	6 (Reihe)	6 (Reihe)	6 (Reihe)	
Bohrung x Hub	66 x 96 mm	66 x 96 mm	68 x 96 mm	
Hubraum	1971 ccm	1971 ccm	2077 ccm	
Leistung	65 PS bei 4400 U/min	72 PS bei 4400 U/min	72 PS bei 4500 U/min	
Drehmoment	13,2 mkg bei 2000 U/min	13,3 mkg bei 2500 U/min	13,8 mkg bei 2500 U/min	
Verdichtung	1:6,8	1:6,8	1:7,0	
Vergaser	1 Doppel-Fallstromvergaser Solex 30 PAAJ	1 Doppel-Fallstromvergaser Solex 30 PAAJ	1 Doppel-Fallstrom-Registervergaser Solex 32 PAJTA	
Ventile	Hängend Stoßstangen und Kipphebel Seitliche Nockenwelle Antrieb durch Duplexkette	Hängend Stoßstangen und Kipphebel Seitliche Nockenwelle Antrieb durch Duplexkette	Hängend Stoßstangen und Kipphebel Seitliche Nockenwelle Antrieb durch Duplexkette	
Kurbelwellenlager	4	4	4	
Kühlung	Pumpe, 7,25 l Wasser	Pumpe, 7,25 l Wasser	Pumpe, 7,25 l Wasser	
Schmierung	Druckumlauf, 4,5 l Öl	Druckumlauf, 4,5 l Öl	Druckumlauf, 4,5 l Öl	
Batterie	12 V 50 Ah (im Motorraum)	12 V 50 Ah (im Motorraum)	12 V 50 Ah (im Motorraum)	
Lichtmaschine	Gleichstrom 160 W	Gleichstrom 160 W	Gleichstrom 160 W	
Kraftübertragung	Antrieb auf Hinterräder Getriebe unter Vordersitzen Kurze Kardanwelle zwischen Kupplung und Getriebe	Antrieb auf Hinterräder Getriebe unter Vordersitzen Kurze Kardanwelle zwischen Kupplung und Getriebe	Antrieb auf Hinterräder Getriebe unter Vordersitzen Kurze Kardanwelle zwischen Kupplung und Getriebe	
Kupplung	Einscheibentrockenkupplung	Einscheibentrockenkupplung	Einscheibentrockenkupplung	
Schaltung	Lenkradschaltung	Lenkradschaltung	Lenkradschaltung	
Getriebe	4 Gang	4 Gang	4 Gang	
Synchronisierung	I–IV	I–IV	I–IV	
Übersetzungen	I. 4,24 II. 2,35 III. 1,49 IV. 1,00	I. 4,24 II. 2,35 III. 1,49 IV. 1,00	I. 4,24 II. 2,35 III. 1,49 IV. 1,00	
Antriebs-Übersetzung	4,225	4,225	4,551 oder 4,225	
Fahrwerk	Rahmen aus Kasten-Längs- und Rohr-Querträgern, mit Boden der Ganzstahlkarosserie verschweißt			
Vorderradaufhängung	Doppel-Querlenker, Längs-Federstäbe			
Hinterradaufhängung	Starrachse, Dreieck-Schublenker, Längs-Federstäbe			
Lenkung	Kegelrad (gebogene Zahnstange) 16,5:1, 3,5 Lenkraddrehungen			
Fußbremse	Hydraulisch Trommel-∅ 284 mm Bremsfläche 840 cm²	Hydraulisch Trommel-∅ 284 mm Bremsfläche 840 cm²	Hydraulisch Trommel-∅ 284 mm Bremsfläche 1050 cm²	
Allgemeine Daten				
Radstand	2835 mm	2835 mm	2835 mm	
Spur vorn/hinten	1322/1408 mm	1322/1408 mm	1322/1408 mm	
Gesamtmaße	4730 x 1780 x 1530 mm	4730 x 1780 x 1530 mm	4730 x 1780 x 1530 mm	
Felgen	4,00 E x 16	4,00 E x 16	4,00 E x 16 od. 4½ K x 15	
Reifen	5,50 - 16	5,50 - 16	5,50 - 16 oder 6,40 - 15	
Wendekreis links/rechts	12 Meter	12 Meter	12 Meter	
Wagengewicht	1340 kg	1340 kg	1340 kg	
Zuläss. Gesamtgewicht	1725 kg	1725 kg	1800 kg	
Höchstgeschwindigkeit	135 km/h	140 km/h	145 km/h	
Beschleunigung 0–100 km/h	27 sec	23 sec		
Verbrauch/100 km	12,5 Liter	13 Liter	13 Liter	
Kraftstofftank	58 Liter (über Hinterachse)	58 Liter (über Hinterachse)	58 Liter (über Hinterachse)	

BMW 501
BMW 501 A
BMW 501 B
Limousine 4 Türen
1952–1955

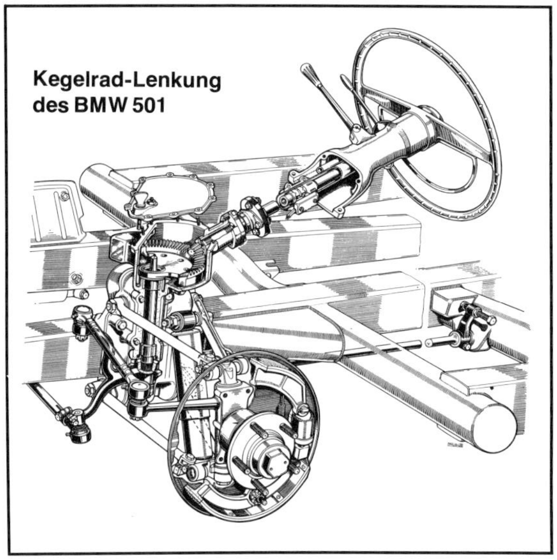

Kegelrad-Lenkung des BMW 501

Fahrgestell BMW 501

	BMW 502 – 2,6 Liter 1954–1961 BMW 501 Achtzylinder 1955–1961	BMW 502 – 3,2 Liter 1955–1961	BMW 502 – 3,2 Liter Super 1957–1961
Motor	Vergasermotor	Vergasermotor	Vergasermotor
Zylinderzahl	V8 (90°-V-Form) Leichtmetallblock Nasse Zylinderlaufbüchsen	V8 (90°-V-Form) Leichtmetallblock Nasse Zylinderlaufbüchsen	V8 (90°-V-Form) Leichtmetallblock Nasse Zylinderlaufbüchsen
Bohrung x Hub	74 x 75 mm	82 x 75 mm	82 x 75 mm
Hubraum	2580 ccm	3168 ccm	3168 ccm
Leistung	501: 95 PS bei 4800 U/min 502: 100 PS bei 4800 U/min	120 PS bei 4800 U/min	140 PS bei 4800 U/min
Drehmoment	501: 18,0 mkg bei 2500 U/min 502: 18,4 mkg bei 2500 U/min	21,4 mkg bei 2500 U/min	22,0 mkg bei 3800 U/min
Verdichtung	1:7,0	1:7,2	1:7,3
Vergaser	1 Doppel-Fallstromvergaser Solex 30 PAAJ Ab 1957: Zenith 32 NDIX	1 Doppel-Fallstromvergaser Zenith 32 NDIX	2 Doppel-Fallstromvergaser Zenith 32 NDIX
Ventile	Hängend Stoßstangen und Kipphebel Zentrale Nockenwelle Antrieb durch Duplexkette	Hängend Stoßstangen und Kipphebel Zentrale Nockenwelle Antrieb durch Duplexkette	Hängend Stoßstangen und Kipphebel Zentrale Nockenwelle Antrieb durch Duplexkette
Kurbelwellenlager	5	5	5
Kühlung	Pumpe, 10 Liter Wasser	Pumpe, 10 Liter Wasser	Pumpe, 10 Liter Wasser
Schmierung	Druckumlauf, 6,5 l Öl	Druckumlauf, 6,5 l Öl	Druckumlauf, 6,5 l Öl
Batterie	12 V 56 Ah (im Motorraum)	12 V 56 Ah (im Motorraum)	12 V 56 Ah (im Motorraum)
Lichtmaschine	Gleichstrom 160 W	Gleichstrom 160 W	Gleichstrom 200 W
Kraftübertragung	Antrieb auf Hinterräder Getriebe unter Vordersitzen Kurze Kardanwelle zwischen Kupplung und Getriebe	Antrieb auf Hinterräder Getriebe unter Vordersitzen Kurze Kardanwelle zwischen Kupplung und Getriebe	Antrieb auf Hinterräder Getriebe unter Vordersitzen. Kurze Kardanwelle zwischen Kupplung und Getriebe
Kupplung	Einscheibentrockenkupplung	Einscheibentrockenkupplung	Einscheibentrockenkupplung
Schaltung	Lenkradschaltung	Lenkradschaltung	Lenkradschaltung
Getriebe	4 Gang	4 Gang	4 Gang
Synchronisierung	I–IV	I–IV	I–IV
Übersetzungen	I. 3,78 II. 2,35 III. 1,49 IV. 1,00	I. 3,78. Ab 1960: 3,71 II. 2,35. Ab 1960: 2,27 III. 1,49 IV. 1,00	I. 3,78. Ab 1960: 3,71 II. 2,35. Ab 1960: 2,27 III. 1,49 IV. 1,00
Antriebs-Übersetzung	4,225	3,89 oder 3,90	3,89 oder 3,90
Fahrwerk	Rahmen aus Kasten-Längs- und Rohr-Querträgern, mit Boden der Ganzstahlkarosserie verschweißt		
Vorderradaufhängung	Doppel-Querlenker, Längs-Federstäbe		
Hinterradaufhängung	Starrachse, Dreieck-Schublenker, Längs-Federstäbe		
Lenkung	Kegelrad (gebogene Zahnstange) 16,5:1, 3,5 Lenkraddrehungen		
Fußbremse	Hydraulisch Trommel-∅ 284 mm Bremsfläche 1050 cm^2 Ab 1959 auf Wunsch: Servohilfe Ab 1960 auf Wunsch: Scheibenbr. vorn 267 mm ∅ mit Servohilfe	Hydraulisch Trommel-∅ 284 mm Bremsfläche 1256 cm^2 Ab 1959 auf Wunsch: Servohilfe Ab 1960 auf Wunsch: Scheibenbr. vorn 267 mm ∅ mit Servohilfe	Hydraulisch Trommel-∅ 284 mm Bremsfläche 1256 cm^2 Servohilfe Ab September 1959: Scheibenbr. vorn 267 mm ∅ mit Servohilfe
Allgemeine Daten			
Radstand	2835 mm	2835 mm	2835 mm
Spur vorn/hinten	1330/1416 mm	1330/1416 mm	1330/1416 mm
Gesamtmaße	4730 x 1780 x 1530 mm	4730 x 1780 x 1530 mm	4730 x 1780 x 1530 mm
Felgen	$4^{1}/_{2}$ K x 15	$4^{1}/_{2}$ K x 15	$4^{1}/_{2}$ K x 15
Reifen	6,40 S 15 L	6,40 S 15 L	6,40 S 15 L bzw. (ab 1959) 6,50/6,70 H 15 L
Wendekreis links/rechts	12 Meter	12 Meter	12 Meter
Wagengewicht	501: 1430 kg. 502: 1440 kg	1470 kg	1500 kg
Zuläss. Gesamtgewicht	1900 kg	1900 kg	1900 kg. Ab 1959: 2000 kg
Höchstgeschwindigkeit	160 km/h	170 km/h	175 km/h
Beschleunigung 0–100 km/h	17,5 sec	15 sec	14,5 sec
Verbrauch/100 km	14,5 Liter Super	15 Liter Super	16 Liter Super
Kraftstofftank	70 Liter (über Hinterachse)	70 Liter (über Hinterachse)	70 Liter (über Hinterachse)

BMW 501
Sechs- und Achtzylinder
Limousine 4 Türen
1955–1958
BMW 2,6 Luxus
Limousine 4 Türen
1958–1961

BMW 502 – 3,2 Liter
BMW 502 – 3,2 Liter Super
Limousine 4 Türen
1955–1961

BMW 2600 L
BMW 3200 L
BMW 3200 S
Limousine 4 Türen
1961–1964

	BMW 2600 1961–1962 BMW 2600 L 1961–1964	**BMW 3200 L 1961–1962**	**BMW 3200 S 1961–1963**
Motor	Vergasermotor	Vergasermotor	Vergasermotor
Zylinderzahl	V8 (90°-V-Form)	V8 (90°-V-Form)	V8 (90°-V-Form)
	Leichtmetallblock	Leichtmetallblock	Leichtmetallblock
	Nasse Zylinderbüchsen	Nasse Zylinderbüchsen	Nasse Zylinderbüchsen
Bohrung x Hub	74 x 75 mm	82 x 75 mm	82 x 75 mm
Hubraum	2580 ccm	3168 ccm	3168 ccm
Leistung	2600: 100 PS bei 4800 U/min 2600 L: 110 PS bei 4900 U/min	140 PS bei 5400 U/min	160 PS bei 5600 U/min
Drehmoment	2600: 18,5 mkg b. 2500 U/min 2600 L: 18,6 mkg b. 3000 U/min	24,2 mkg bei 3000 U/min	24,5 mkg bei 3600 U/min
Verdichtung	1:7,5	1:9	1:9
Vergaser	1 Doppel-Fallstromvergaser Zenith 32 NDIX	1 Doppel-Fallstromvergaser Zenith 36 NDIX	2 Doppel-Fallstromvergaser Zenith 36 NDIX
Ventile	Hängend Stoßstangen und Kipphebel Zentrale Nockenwelle Antrieb durch Duplexkette	Hängend Stoßstangen und Kipphebel Zentrale Nockenwelle Antrieb durch Duplexkette	Hängend Stoßstangen und Kipphebel Zentrale Nockenwelle Antrieb durch Duplexkette
Kurbelwellenlager	5	5	5
Kühlung	Pumpe, 10 Liter Wasser	Pumpe, 10 Liter Wasser	Pumpe, 10 Liter Wasser
Schmierung	Druckumlauf, 6,5 l Öl	Druckumlauf, 6,5 l Öl	Druckumlauf, 6,5 l Öl
Batterie	12 V 56 Ah (im Motorraum)	12 V 56 Ah (im Motorraum)	12 V 56 Ah (im Motorraum)
Lichtmaschine	Gleichstrom 160 W	Gleichstrom 160 W	Gleichstrom 200 W
Kraftübertragung	Antrieb auf Hinterräder Getriebe unter Vordersitzen Kurze Kardanwelle zwischen Kupplung und Getriebe	Antrieb auf Hinterräder Getriebe unter Vordersitzen Kurze Kardanwelle zwischen Kupplung und Getriebe	Antrieb auf Hinterräder Getriebe unter Vordersitzen Kurze Kardanwelle zwischen Kupplung und Getriebe
Kupplung	Einscheibentrockenkupplung	Einscheibentrockenkupplung	Einscheibentrockenkupplung
Schaltung	Lenkradschaltung	Lenkradschaltung	Lenkradschaltung
Getriebe	4 Gang	4 Gang	4 Gang
Synchronisierung	I–IV	I–IV	I–IV
Übersetzungen	I. 3,71 II. 2,27 III. 1,49 IV. 1,00	I. 3,71 II. 2.27 III. 1,49 IV. 1,00	I. 3,71 II. 2,27 III. 1,49 IV. 1,00
Antriebs-Übersetzung	4,225	3,90	3,90
Fahrwerk	Rahmen aus Kasten-Längs- und Rohr-Querträgern, mit Boden der Ganzstahlkarosserie verschweißt		
Vorderradaufhängung	Doppel-Querlenker, Längs-Federstäbe		
Hinterradaufhängung	Starrachse, Dreieck-Schublenker, Längs-Federstäbe		
Lenkung	Kegelrad (gebogene Zahnstange) 16,5:1, 3,5 Lenkraddrehungen		
Fußbremse	Hydraulisch, Servohilfe Scheiben-∅ vorn 267 mm, Trommel-∅ hinten 284 mm ∅		
Allgemeine Daten			
Radstand	2835 mm	2835 mm	2835 mm
Spur vorn/hinten	1330/1416 mm	1330/1416 mm	1330/1416 mm
Gesamtmaße	4730 x 1780 x 1530 mm	4730 x 1780 x 1530 mm	4730 x 1780 x 1530 mm
Felgen	4 1/2 K x 15	4 1/2 K x 15	4 1/2 K x 15
Reifen	6,40 S 15 L	6,40 S 15 L	6,50/6,70 H 15 L
Wendekreis links/rechts	12 Meter	12 Meter	12 Meter
Wagengewicht	1440 kg	1470 kg	1490 kg
Zuläss. Gesamtgewicht	1900 kg	1900 kg	2000 kg
Höchstgeschwindigkeit	2600: 162 km/h 2600 L: 165 km/h	175 km/h	190 km/h
Beschleunigung 0–100 km/h	2600: 17,5 sec 2600 L: 17 sec	14 sec	14 sec
Verbrauch/100 km	14,5 Liter Super	15,5 Liter Super	16 Liter Super
Kraftstofftank	70 Liter (über Hinterachse)	70 Litor (über Hinterachse)	70 Liter (über Hinterachse)

BMW 502 (Baujahr 1955) als Einsatzleitwagen der Münchener Feuerwehr. Entsprechende Wagen befanden sich auch bei der Münchener Polizei als Funkstreifenwagen im Einsatz.

(Die beiden Bilder auf dieser Seite hat der Verfasser seinem Buch »Kraftfahrzeuge der Feuerwehr und des Sanitätsdienstes« entnommen.)

Feudales Einzelexemplar: Die auf Sanitätsfahrzeuge spezialisierte Firma Binz & Co. (Lorch/Württemberg) baute 1957 einen BMW 502 zu diesem Krankenwagen um. Den Auftrag dazu hatte das Bayerische Rote Kreuz in München erteilt. Zum Einsatz kam der Wagen in Grafenau.

	BMW 503 1956–1959	BMW 507 1956–1959	BMW 3200 CS 1962–1965	
Motor	Vergasermotor			
Zylinderzahl	V8 (90°-V-Form)			
	Leichtmetallblock. Nasse Zylinderbüchsen			
Bohrung x Hub	82 x 75 mm			
Hubraum	3168 ccm			
Leistung	140 PS bei 4800 U/min	150 PS bei 5000 U/min	160 PS bei 5600 U/min	
Drehmoment	22,0 mkg bei 3800 U/min	24,0 mkg bei 4000 U/min	24,5 mkg bei 3600 U/min	
Verdichtung	1:7,3	1:7,8	1:9	
Vergaser	2 Doppel-Fallstromvergaser Zenith 32 NDIX	2 Doppel-Fallstromvergaser Zenith 32 NDIX	2 Doppel-Fallstromvergaser Zenith 36 NDIX	
Ventile	Hängend. Stoßstangen und Kipphebel			
	Zentrale Nockenwelle, Antrieb durch Duplexkette			
Kurbelwellenlager	5			
Kühlung	Pumpe, 10 Liter Wasser			
Schmierung	Druckumlauf, 6,5 Liter Öl			
Batterie	12 V 56 Ah (im Motorraum)			
Lichtmaschine	Gleichstrom 200 W			
Kraftübertragung	Antrieb auf Hinterräder	Antrieb auf Hinterräder	Antrieb auf Hinterräder	
Kupplung	Einscheibentrockenkupplung	Einscheibentrockenkupplung	Einscheibentrockenkupplung	
Schaltung	Getriebe unter Vordersitzen Lenkradschaltung Ab September 1957: Getriebe mit Motor verblockt Knüppelschaltung Mitte	Getriebe mit Motor verblockt Knüppelschaltung Mitte	Getriebe unter Vordersitzen Lenkradschaltung oder wahlweise Knüppelschaltung Mitte	
Getriebe	4 Gang 4 Gang-Sport	4 Gang	4 Gang	
Synchronisierung	I-IV I-IV	I-IV	I-IV	
Übersetzungen	I. 3,78 I. 3,540	I. 3,387	I. 3,71	
	II. 2,35 II. 2,202	II. 2,073	II. 2,27	
	III. 1,49 III. 1,395	III. 1,364	III. 1,49	
	IV. 1,00 IV. 1,000	IV. 1,000	IV. 1,00	
Antriebs-Übersetzung	3,90. Auf Wunsch: 3,42	3,70, auch 3,42 oder 3,90	3,90. Auf Wunsch: 3,70	
Fahrwerk	Rahmen aus Kasten-Längs- und Rohr-Querträgern, mit Karosseriegerippe verschweißt, Außenhaut der Karosserie und Türen aus Leichtmetall		Rahmen aus Kasten-Längs- und Rohr-Querträgern, mit Karosserie verschweißt	
Vorderradaufhängung	Doppel-Querlenker Längs-Federstäbe	Doppel-Querlenker Längs-Federstäbe Stabilisator	Doppel-Querlenker Längs-Federstäbe Stabilisator	
Hinterradaufhängung	Starrachse Dreieck-Schublenker Längs-Federstäbe	Starrachse Zug- und Schubstreben Längs-Federstäbe Panhardstab	Starrachse Zug- und Schubstreben Längs-Federstäbe Panhardstab	
Lenkung	Kegelrad 16,5:1 3,5 Lenkraddrehungen	Kegelrad 16,5:1 3,5 Lenkraddrehungen Lenkrad axial verstellbar	Kegelrad 16,5:1 3,5 Lenkraddrehungen	
Fußbremse	Hydraulisch, Servohilfe Trommel-∅ 284 mm Bremsfläche 1256 cm²	Hydraulisch, Servohilfe Trommel-∅ 284 mm Bremsfläche 1256 cm²	Hydraulisch, Servohilfe Scheiben-∅ vorn 267 mm Trommel-∅ hinten 284 mm	
Allgemeine Daten				
Radstand	2835 mm	2480 mm	2835 mm	
Spur vorn/hinten	1400/1420 mm	1445/1425 mm	1330/1416 mm	
Gesamtmaße	4750 x 1710 x 1440 mm	4380 x 1650 x 1300 mm	4830 x 1720 x 1460 mm	
Felgen	4,50 E x 16	4,50 E x 16	5 J x 15	
Reifen	6,00 H 16 (6 PR)	6,00 H 16 (6 PR)	7,00 H 15 L od. 185 HR 15	
Wendekreis links/rechts	12 Meter	10,7 Meter	12 Meter	
Wagengewicht	1500 kg	1330 kg	1500 kg	
Zuläss. Gesamtgewicht	1800 kg	1500 kg	1900 kg	
Höchstgeschwindigkeit	190 km/h	H'Achse 3,90: 190 km/h H'Achse 3,70: 200 km/h H'Achse 3,42: 220 km/h	200 km/h	
Beschleunigung 0–100 km/h	13 sec	11,5 sec	14 sec	
Verbrauch/100 km	16 Liter Super	17 Liter Super	16 Liter Super	
Kraftstofftank	75 Liter (im Heck)	65 od. 110 Liter (im Heck)	75 Liter (im Heck)	

BMW 501
Cabriolet 2 Türen
2/2 Sitze
Karosserie Baur
1954–1955

BMW 501
Cabriolet 4 Türen
5 Sitze
Karosserie Baur
1954–1955

BMW 3,2 Liter Super
Cabriolet 4 Türen
5 Sitze
Karosserie Autenrieth
1960

BMW 502
Coupó 2/2 Sitze
Karosserie Autenrieth
1958

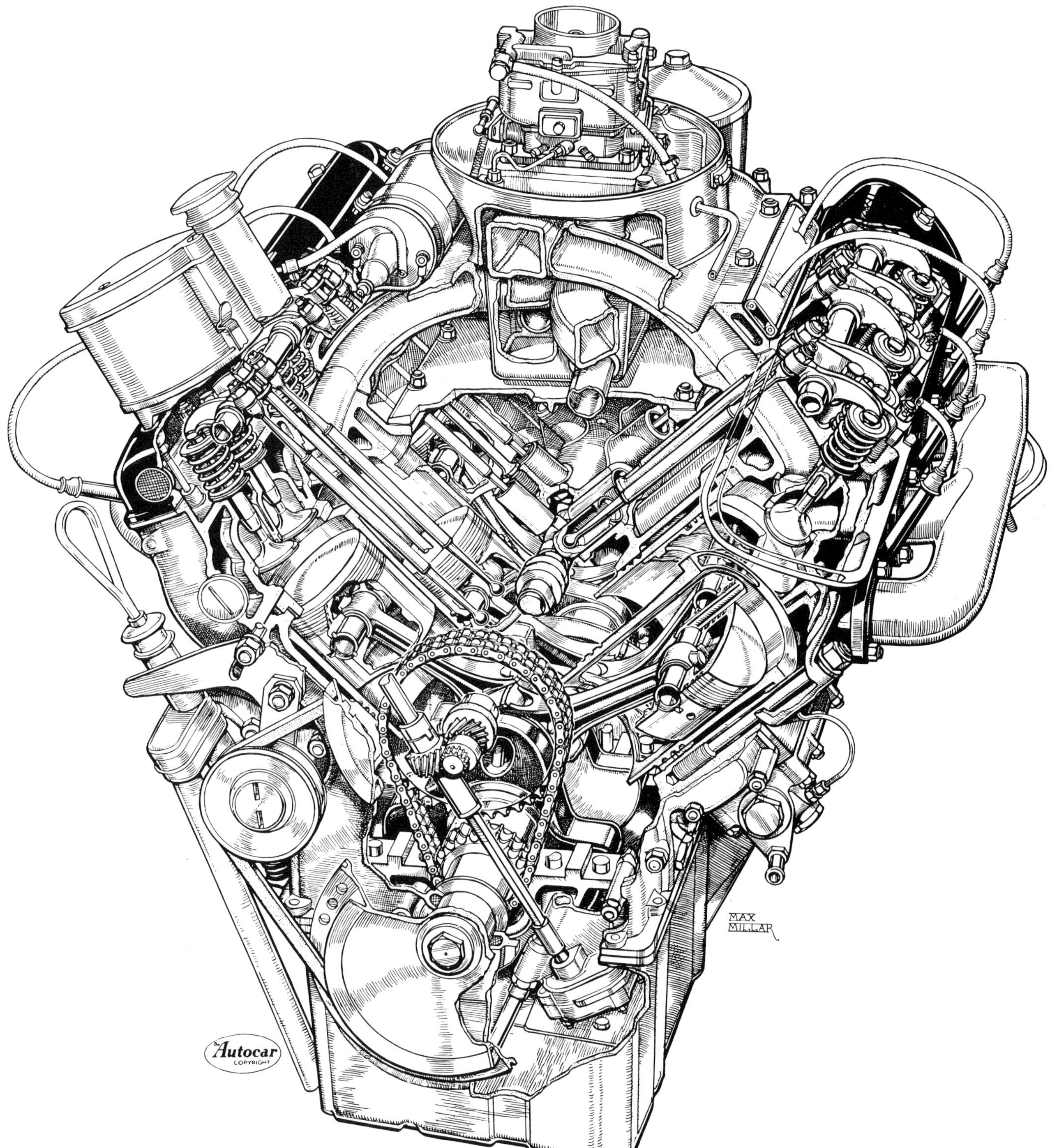

BMW 502
Phantomzeichnung des Motors

BMW 502
Innenraum und Armaturentafel

BMW 502
Fahrgestell

BMW 505 Pullmann-Limousine 1955
Weil ihn Adenauer nicht bestellte, blieb es bei 2 Musterwagen

BMW 502 Coupé 4 Sitze 1962/63
Karosserie Gebr. Beutler (Thun/Schweiz)
Preis etwa 50 000 Schweizer Fr.
(Dieses Coupé war um viele Jahre jünger, aber beileibe nicht besser gelungen als der BMW 503)

1953 übernahm BMW die Reste der völlig bankrotten Veritas-Nürburgring (siehe Seite 70) samt deren Ingenieur Ernst Loof, der schon bis 1945 Entwicklungsarbeit bei BMW in Eisenach geleistet hatte. Doch schon bald nach der Rückkehr zu seiner alten Firma erwartete ihn ein neuer Schicksalsschlag: Nicht er, sondern Graf Albrecht Goertz hatte den Auftrag erhalten, den geplanten großen BMW Sportwagen zu entwerfen. Immerhin konnte Loof durchsetzen, daß er ebenfalls einen Prototyp nach seinen Vorstellungen bauen durfte. Und er durfte diesen Wagen, was völlig ungewöhnlich war, sogar ein einziges Mal öffentlich vorführen, nämlich am 13. September 1954 auf der Schönheitskonkurrenz Bad Neuenahr. Loof's Sportwagen, auf dem Fahrgestell des BMW 502 mit 2,6 Liter-V 8-Motor aufgebaut, erinnerte äußerlich immer noch sehr an die einstigen Veritas. Der Entwurf des Grafen Goertz war wesentlich eleganter und attraktiver ausgefallen, allerdings auch viel komplizierter in der Herstellung und damit wesentlich teurer. So blieb der Prototyp von Ernst Loof ein Einzelstück und dessen letzte Schöpfung.

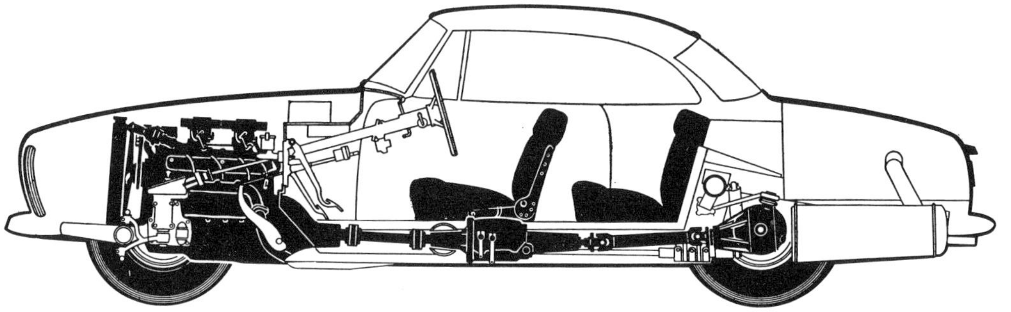

Die Durchsichtzeichnungen des BMW 503 zeigen vor allem die eindrucksvolle Konstruktion des, wie das Werk ihn nannte, Vollschutzrahmens. Gut zu erkennen sind ferner die Anordnung des Achtzylinder-Motors und die Kraftübertragung mit dem Getriebe unter den Vordersitzen. Gegenüber der Limousine bedeutete es einen Rückschritt, dessen man sich damals wahrscheinlich gar nicht bewußt war, daß beim 503 und 507 der Kraftstofftank wieder hinter der Hinterachse statt über dieser untergebracht war.

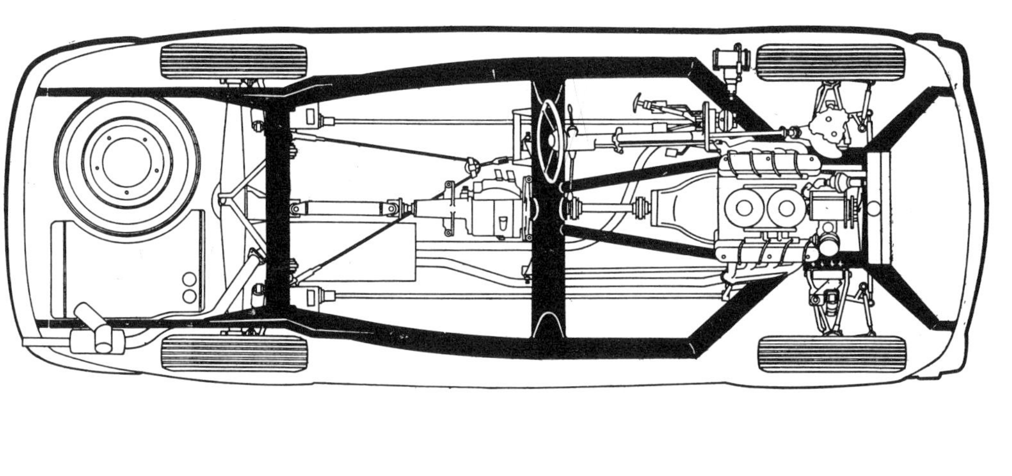

BMW 503
Coupé 2/2 Sitze
1956–1959

BMW 503
Cabriolet 2/2 Sitze
Verdeck geschlossen
1956–1959

BMW 503
Cabriolet 2/2 Sitze
Verdeck geöffnet
1956–1959

BMW 507 Touring Sport
Roadster 2 Sitze
1956–1959

BMW 507 Touring Sport
Roadster (mit Hardtop) 2 Sitze
1956–1959

BMW 3200 CS
Coupé 4 Sitze
Karosserie Bertone
1962–1965

BMW Isetta (1955–1962)

Anfang 1954 brachte die italienische Firma Iso die Isetta auf den Markt, einen winzigen Zweisitzer mit vier Rädern, differentialloser Schmalspur-Hinterachse und Fronttüre. Obwohl sich die Isetta in ihrem Heimatland nicht durchzusetzen vermochte, erwarb BMW die Nachbau-Lizenz samt den Preßwerkzeugen für das kleine Fahrzeug. Allerdings ersetzte BMW den lärmigen Zweitaktmotor durch den dumpf bullernden Viertakt-Einzylinder aus der BMW R 25. Auch sonst fanden zahlreiche Verfeinerungen statt, so daß schließlich die BMW Isetta wohl zum solidesten und seriösesten unter den zahlreichen Rollermobilen und Kleinstwagen jener Jahre gedieh. Gebaut wurde die ursprüngliche Ausführung mit Glaskuppel und Faltdach ab April 1955 (Isetta 300 ab Februar 1956) bis März 1957, die modernisierte Ausführung mit festem Dach (Faltdach auf Wunsch) ab Oktober 1956 bis Mai 1962. Gesamtproduktion 161 360 Fahrzeuge, davon über die Hälfte mit 250 ccm-Motor (Führerschein 4!). Nach England wurden übrigens wegen der dortigen Besteuerung 1750 Isetta 300 als Dreirad-Fahrzeuge mit nur einem Hinterrad geliefert. Lizenzweise nachgebaut wurde die Original-Isetta in Frankreich, die BMW Isetta in England und Brasilien. Preise:

Motocoupé 2 Sitze	1955	1956	1957	ab Okt. 1958
Isetta 250	DM 2580,–	DM 2780,–	DM 2780,–	DM 2695,–
Isetta 300	–	DM 2920,–	DM 2890,–	DM 2795,–

BMW 600 (1957–1959)

Aus der Isetta entwickelter Kleinwagen mit Fronteinstieg und 1 Seitentür hinten rechts. Im Heck eingebauter Zweizylinder-Boxermotor, abgeleitet aus dem der großen BMW Motorräder. Das Fahrzeug zeichnete sich durch saubere Technik und Verarbeitung aus, wirkte aber in seiner Gesamtkonzeption wenig überzeugend. Vorstellung Ende August 1957. Ab Dezember 1957 bis November 1959 wurden 35000 Fahrzeuge gebaut. Preis:

Limousine 4 Sitze	DM 3985,–

Bilder links: BMW Isetta 1955–1957

Bilder rechts: BMW Isetta 1957–1962

BMW Isetta
Durchsichtzeichnung

Bild unten links:
BMW Isetta
Fahrgestell

Bild unten rechts:
BMW Isetta
Wenn die Fronttüre geöffnet wird, schwingen Lenkrad und Lenksäule mit nach vorn

	BMW Isetta 250 1955–1962	BMW Isetta 300 1956–1962	BMW 600 1957–1959
Motor			
Zylinderzahl	Viertakt-Einzylinder	Viertakt-Einzylinder	2 Zylinder (Boxer)
Bohrung x Hub	68 x 68 mm	72 x 73 mm	74 x 68 mm
Hubraum	245 ccm	298 ccm	582 ccm
Leistung	12 PS bei 5800 U/min	13 PS bei 5200 U/min	19,5 PS bei 4500 U/min
Drehmoment	1,45 mkg bei 4500 U/min	1,88 mkg bei 4600 U/min	3,9 mkg bei 2800 U/min
Verdichtung	1:6,8	1:7,0	1:6,8
Vergaser	1 Schiebervergaser Bing 1/24. Ab 1957: 1/22	1 Schiebervergaser Bing 1/24. Ab 1957: 1/22	1 Flachstromvergaser Zenith 28 KLP 1
Ventile	Hängend Stoßstange und Kipphebel Seitliche Nockenwelle Antrieb durch Kette	Hängend Stoßstange und Kipphebel Seitliche Nockenwelle Antrieb durch Kette	V-förmig hängend Stoßstangen und Kipphebel Zentrale Nockenwelle Antrieb durch Stirnräder
Kurbelwellenlager	2	2	3
Kühlung	Gebläse-Luft	Gebläse-Luft	Gebläse-Luft
Schmierung	Druckumlauf 1,25, ab Frühj. 1956 1,75 l Öl	Druckumlauf 1,75 Liter Öl	Druckumlauf 2,0 Liter Öl
Batterie	12 V 24 Ah (unter Sitzbank)	12 V 24 Ah (unter Sitzbank)	12 V 24 Ah (unter Rücksitz)
Lichtmaschine	Gleichstrom 130 W	Gleichstrom 130 W	Gleichstrom 130 W
Kraftübertragung	Motor seitlich querstehend hinter rechtem Sitz Antrieb auf Hinterräder (kein Differential) über querliegende kurze Gelenkwelle und Duplex-Kette im Ölbad		Hecktriebblock Motor hinter, Getriebe vor der Hinterachse
Kupplung	Einscheibentrockenkupplung		Einscheibentrockenkupplung
Schaltung	Schalthebel an linker Seitenwand		Schaltstock Wagenmitte
Getriebe	4 Gang-Klauengetriebe		4 Gang
Synchronisierung	ohne		I–IV
Übersetzungen	I. 4,35 II. 2,22 III. 1,52 IV. 1,17		I. 3,54 II. 1,94 III. 1,27 IV. 0,846
Antriebs-Übersetzung	2,31		5,43
Fahrwerk	Stahlrohrrahmen Ganzstahlkarosserie mit Fronteinstieg		Stahlrohrrahmen Ganzstahlkarosserie mit Fronteinstieg und 1 Seitentüre hinten rechts
Vorderradaufhängung	Geschobene Längsschwingen Schraubenfedern		Geschobene Längsschwingen Schraubenfedern
Hinterradaufhängung	Schmalspur-Starrachse Viertelelliptik-Ausleger-Blattfedern		Schräglenker Schraubenfedern
Lenkung	Spindel 15,4:1 2,5 Lenkraddrehungen		Spindel 15,4:1 2,5 Lenkraddrehungen
Fußbremse	Hydraulisch Trommel-∅ 180 mm, 1 Bremstrommel für beide Hinterräder Bremsfläche 324 cm²		Hydraulisch Trommel-∅ 180 mm Bremsfläche 432 cm²
Allgemeine Daten			
Radstand	1500 mm		1700 mm
Spur vorn/hinten	1200/520 mm		1220/1160 mm
Gesamtmaße:	1955–1957: 2285 x 1380 x 1340 mm 1956–1962: 2355 x 1380 x 1340 mm		2900 x 1400 x 1375 mm
Felgen	3,00 x 10		3,50 x 10
Reifen	4,80-10		5,20-10
Wendekreis links/rechts	8,3 Meter		8,3 Meter
Wagengewicht	360 kg		550 kg
Zuläss. Gesamtgewicht	580, zuletzt 600 kg		900 kg
Höchstgeschwindigkeit	85 km/h		103 km/h
Beschleunigung	0–80 km/h: 40 sec		0–100 km/h: 58 sec
Verbrauch/100 km	5,5 Liter		6 Liter
Kraftstofftank	13 Liter (im Heck)		23 Liter (im Heck)

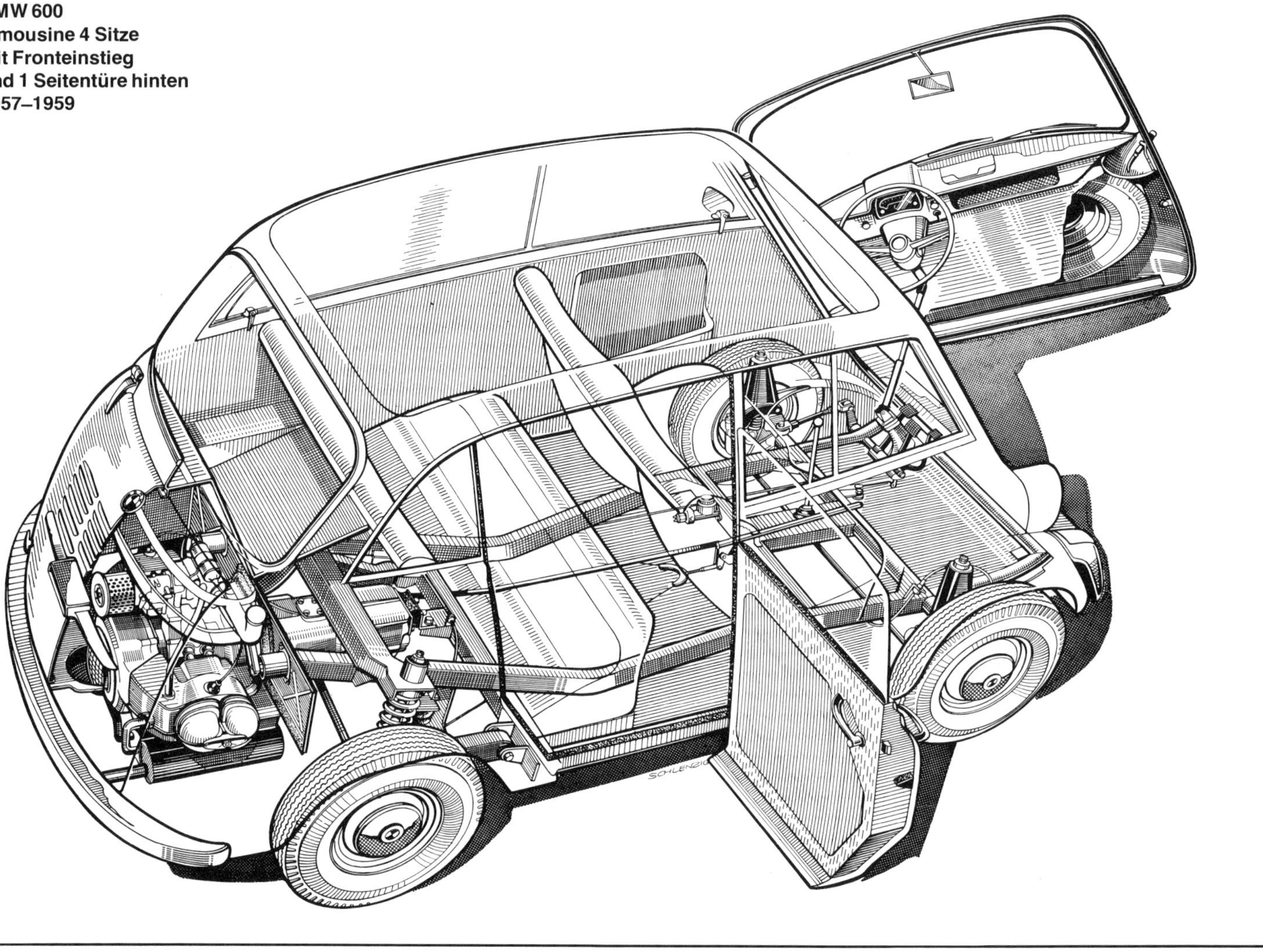

BMW 600
Limousine 4 Sitze
mit Fronteinstieg
und 1 Seitentüre hinten
1957–1959

BMW 700 (1959–1964)
BMW LS (1962–1965)

BMW 700: Vom BMW 600 abgeleiteter Kleinwagen normalen Aussehens mit sehr hübsch gezeichneter Karosserie, entworfen von Michelotti (Turin). Damit brachte BMW endlich jenen kleinen Wagen sportlichen Charakters, auf den damals viele Leute schon jahrelang gewartet hatten. Mit dem BMW 700 gelang dem Werk der Durchbruch zur lohnenden Großserienproduktion. Das Coupé wurde ab August 1959 bis April 1964, die Limousine ab Dezember 1959 (Luxus-Limousine ab Januar 1961) bis April 1962 gebaut. Preise:

BMW 700
Längsschnittzeichnung

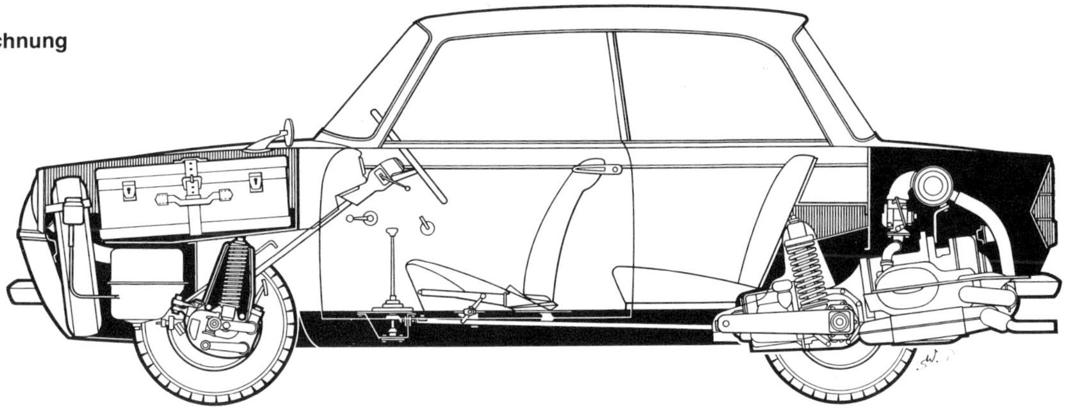

BMW 700 Limousine 2 Türen	DM 4760,–
BMW 700 Luxus Limousine 2 Türen	DM 4995,–
BMW 700 Coupé 2/2 Sitze	DM 5300,–
	bzw. (ab 1963) DM 5500,–

BMW 700 Sport: Unterschied sich äußerlich nicht vom BMW 700 Coupé, verfügte aber über eine spürbar höhere Motorleistung und eine sportgerechte Ausstattung. Typenbezeichnung ab 1963: BMW 700 CS. Gebaut ab August 1960 bis Mai 1964. Den 40 PS Sportmotor besaß ebenfalls das BMW 700 Cabrio (Karosserie Baur, Stuttgart), geliefert ab September 1961 bis November 1964. Preise:

BMW 700 Sport, Coupé 2/2 Sitze	DM 5850,–
BMW 700 Cabrio, Cabriolet 2 Sitze	DM 6950,–

BMW LS: Nachfolger der BMW 700 Limousinen. Bei im Prinzip gleichgebliebener Form hat der Radstand um 160 und die Gesamtlänge um 320 mm zugenommen. Der Wagen gewann damit beträchtlich an Beinraum für die hinteren Passagiere sowie eine willkommene Stabilisierung der Fahr- und Federungseigenschaften. Äußerlich wirkte der kleine BMW nun langgestreckt und stattlicher, wobei freilich volle 200 mm des hinteren Überhangs ungenutzter Hohlraum blieben, weil der ursprünglich für den LS geplante Vierzylindermotor nur in wenigen Versuchsexemplaren zum Einbau kam. BMW LS Luxus ab März 1962 bis November 1965, BMW LS mit einfacher Ausstattung ab Februar 1963 bis September 1963. Preise:

BMW LS Limousine 2 Türen	DM 4785,–
BMW LS Luxus Limousine 2 Türen	DM 5320,–
	bzw. (ab 1964) DM 4985,–

BMW LS Coupé: Nachfolger des BMW 700 Coupé und des BMW 700 CS. Entsprechend den LS Limousinen verlängert, wobei sich jedoch beim LS Coupé keineswegs ebenso gefällige Proportionen ergaben. Die Karosserien für das LS Coupé fertigte Baur (Stuttgart). Serie ab September 1964 bis September 1965. Preis:

BMW LS Coupé 2/2 Sitze	DM 5850,–

BMW fertigte von allen 700- und LS-Modellen zusammen ab August 1959 bis September 1965 insgesamt 181411 Wagen, und zwar

BMW 700 Limousinen	ca. 53000
BMW 700 Coupé	ca. 23000
BMW 700 Sport und BMW 700 CS Coupé	ca. 11150
BMW 700 Cabriolet	ca. 1750
BMW LS Limousinen	ca. 90000
BMW LS Coupé	ca. 1750

BMW 700 Limousine 1960–1961

BMW 700 Coupé 1964–1965

BMW 700 Cabrio (Karosserie Baur) 1961–1964

BMW 700 Limousine und Coupé: Innenabmessungen

	BMW 700 1960–1961 BMW 700 Coupé 1959–1964	BMW 700 Sport 1960–1964	BMW LS Luxus 1962–1965	BMW LS Coupé 1964–1965
Motor				
Zylinderzahl	2 Zylinder (Boxer) Leichtmetall-Kurbelgehäuse	2 Zylinder (Boxer) Leichtmetall-Kurbelgehäuse	2 Zylinder (Boxer) Leichtmetall-Kurbelgehäuse	2 Zylinder (Boxer) Leichtmetall-Kurbelgehäuse
Bohrung x Hub	78 x 73 mm	78 x 73 mm	78 x 73 mm	78 x 73 mm
Hubraum	697 ccm	697 ccm	697 ccm	697 ccm
Leistung	30 PS bei 5000 U/min Ab Februar 1963: 32 PS bei 5000 U/min	40 PS bei 5700 U/min	30 PS bei 5000 U/min Ab Februar 1963: 32 PS bei 5000 U/min	40 PS bei 5700 U/min
Drehmoment	5,1 mkg bei 3400 U/min	5,2 mkg bei 4500 U/min	5,1 mkg bei 3400 U/min	5,2 mkg bei 4500 U/min
Verdichtung	1:7,5	1:9	1:7,5	1:9
Vergaser	1 Fallstromvergaser Solex 34 PCI	2 Fallstromvergaser Solex 34 PCI	1 Fallstromvergaser Solex 34 PCI	2 Fallstromvergaser Solex 34 PCI
Ventile	V-förmig hängend. Stoßstangen und Kipphebel Zentrale Nockenwelle, Antrieb durch Stirnräder			
Kurbelwellenlager	3			
Kühlung	Gebläse-Luft			
Schmierung	Druckumlauf, 2,0 Liter Öl			
Batterie	12 V 24 Ah (im Motorraum)			
Lichtmaschine	Gleichstrom 130 W			
Kraftübertragung	Hecktriebblock. Motor hinter, Getriebe vor der Hinterachse			
Kupplung	Einscheibentrockenkupplung			
Schaltung	Stockschalthebel Wagenmitte			
Getriebe	4 Gang			
Synchronisierung	I–IV			
Übersetzungen	I. 3,54 II. 1,94 III. 1,27 IV. 0,839	Coupé: ab 1961: I. 2,667 II. 1,600 III. 1,148 IV. 0,839 Cabrio: I. 3,54 II. 1,94 III. 1,27 IV. 0,839	I. 3,54 II. 1,94 III. 1,27 IV. 0,839	I. 3,54 II. 1,94 III. 1,27 IV. 0,839
Antriebs-Übersetzung	5,43	Coupé: 5,43 Cabrio: 5,43	5,43	5,43
Fahrwerk	Selbsttragende Ganzstahlkarosserie			
Vorderradaufhängung	Geschobene Längsschwingen, Schraubenfedern			
Hinterradaufhängung	Schräglenker Schraubenfedern	Schräglenker Schraubenfedern Coupé: Stabilisator	Schräglenker Schraubenfedern Gummi-Hohlfedern	Schräglenker Schraubenfedern Gummi-Hohlfedern
Lenkung	Zahnstange 17,85:1, 3 Lenkraddrehungen			
Fußbremse	Hydraulisch. Trommel-∅ 200 mm, Bremsfläche 588 cm^2			
Allgemeine Daten				
Radstand	2120 mm	2120 mm	2280 mm	2280 mm
Spur vorn/hinten	1270/1200 mm	1270/1200 mm	1270/1200 mm	1270/1200 mm
Gesamtmaße	Limousine: 3540 x 1480 x 1345 mm Coupé: 3540 x 1480 x 1270 mm	Coupé: 3540 x 1480 x 1270 mm Cabrio: 3540 x 1480 x 1290 mm	3860 x 1480 x 1360 mm	3860 x 1480 x 1300 mm
Felgen	3,50 x 12	3,50 x 12	3,50 x 12	3,50 x 12
Reifen	5,20-12	5,20-12 bzw. (ab Herbst 1963) 5,50-12	5,20-12 bzw. (ab Herbst 1963) 5,50-12	5,50-12
Wendekreis links/rechts	10,1 Meter	10,1 Meter	10,6 Meter	10,6 Meter
Wagengewicht	640 kg	650, Cabrio 685 kg	680 kg	690 kg
Zuläss. Gesamtgewicht	Limousine: 960 kg Coupé: 860 kg	Coupé: 860 kg Cabrio: 910 kg	1050 kg	1050 kg
Höchstgeschwindigkeit	Limousine: 120 km/h Coupé: 125 km/h	135 km/h	120 km/h	135 km/h
Beschleunigung 0–100 km/h	Limousine: 30 sec Coupé: 26,5 sec	20 sec	33 sec	22 sec
Verbrauch/100 km	7 Liter	7,5 Liter Super	7,5 Liter Super	7,5 Liter Super
Kraftstofftank	30 l (vorn im Wagen)	30 l (vorn im Wagen)	30 l (vorn im Wagen)	30 l (vorn im Wagen)

BMW 700
Limousine
1960–1961
und
BMW LS Luxus
Limousine
1962–1965

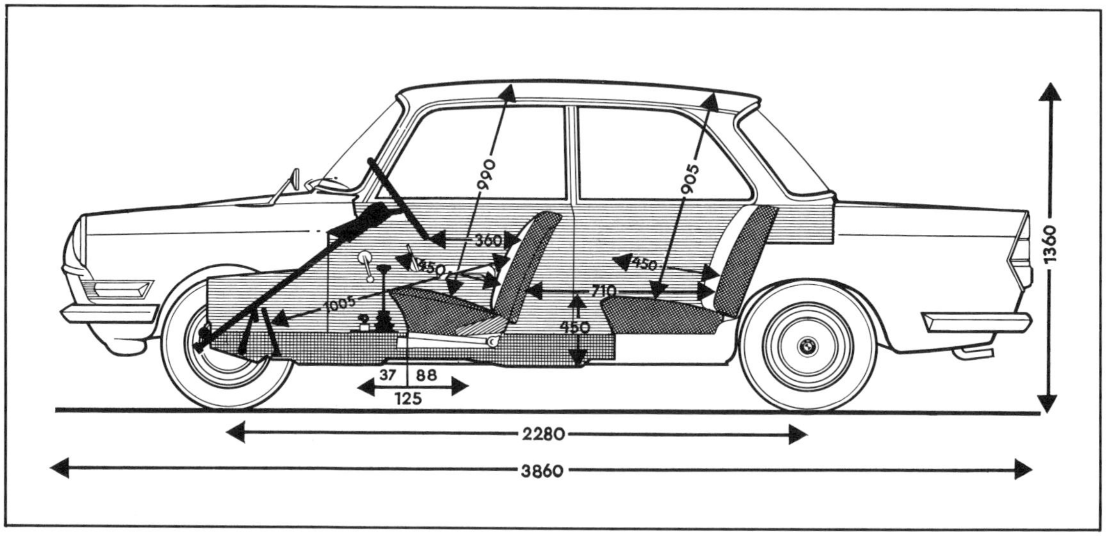

BMW LS Luxus
Innenabmessungen
der Limousine

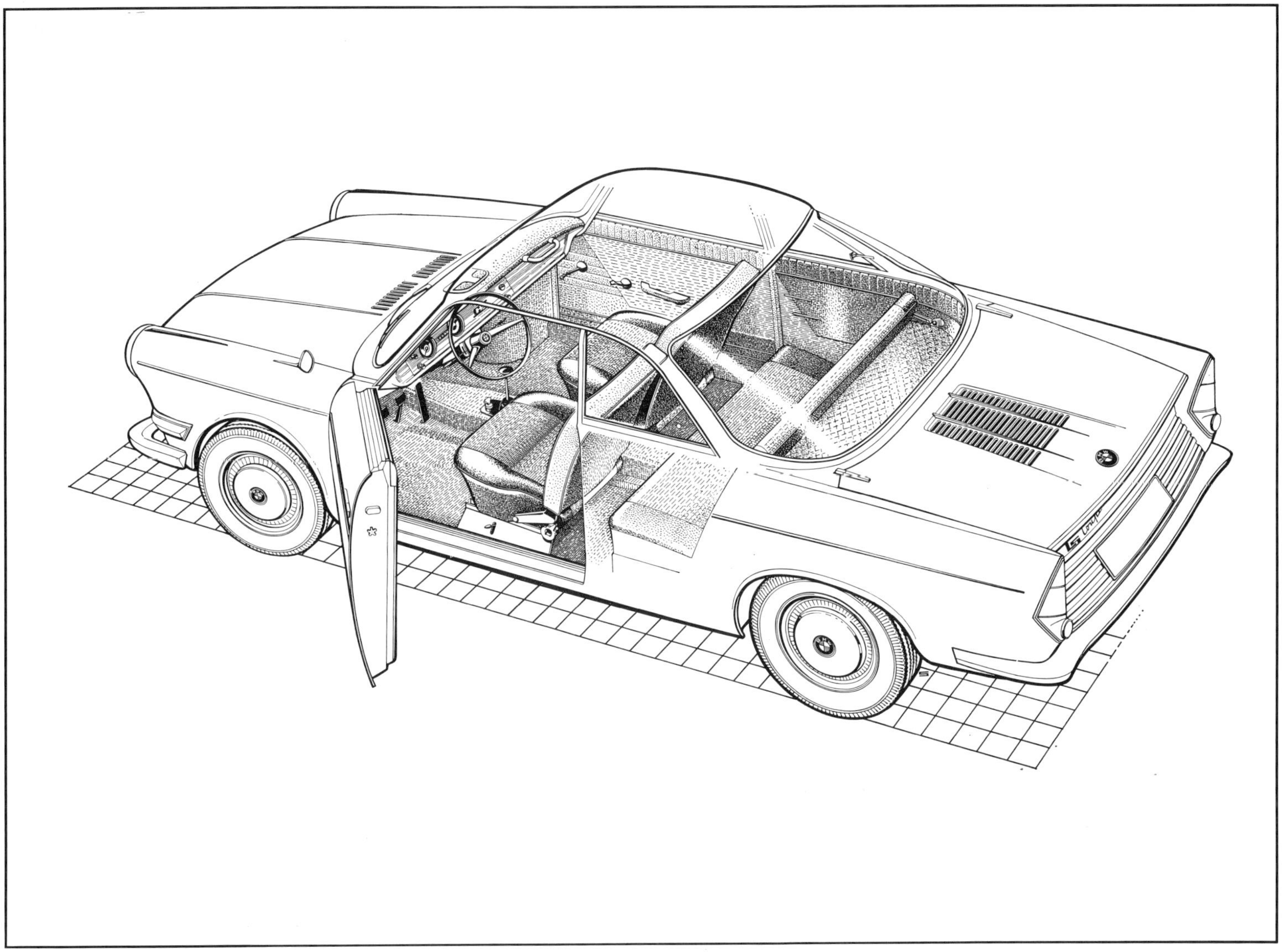

BMW LS Coupé
Durchsichtzeichnung

BMW LS Coupé
1964–1965

BMW 1500 (1962–1964)
BMW 1600 (1964–1966)
BMW 1800 (1963–1972)
BMW 2000 (1966–1972)

BMW 1500: Beginn einer neuen Modellreihe (»Neue Klasse«), welche die Bayerischen Motoren Werke wieder zu neuer Blüte brachte. Prototyp (75 PS, Verdichtung 1:8,2, Reifen 5,90–13, Richtpreis DM 8500,–) auf der Frankfurter Automobil-Ausstellung September 1961. Zwar war dieser Musterwagen noch längst nicht serienreif, doch fanden Technik und Form des neuen BMW begeisterten Beifall. Allgemeines Urteil: Endlich wieder ein echter BMW! In der Serie war und blieb dann der BMW 1500 allerdings ein mit allzu vielen Problemen behaftetes Automobil. Vorserie ab Februar 1962, reguläre Produktion ab Oktober 1962 bis Dezember 1964.

BMW 1600: Nachfolger des BMW 1500. Äußerlich kein Unterschied, doch in Ausreifung und Detailqualität unvergleichlich besseres Auto. Aber es litt einerseits zu Unrecht unter dem schlechten Ruf des Vorgängers und stand andererseits im Schatten des inzwischen dazugekommenen BMW 1800. Die Serienproduktion des BMW 1600 lief von März 1964 bis April 1966.

BMW 1800: Gleicher Wagen wie BMW 1500 und 1600, aber größerer Motor und durchgehender Chromstreifen. Vorgestellt wurden BMW 1800 und 1800 TI im September 1963. Die Produktion des ersteren begann sofort, des 1800 TI im Februar 1964. Auch diese beiden Modelle bereiteten im ersten Jahr noch reichlich Kummer. Seit Ende 1964 bis Herbst 1965 war ferner der BMW 1800 TI/SA (= TI/Sport-Ausführung) für DM 13500,– in einer Auflage von nur 200 Stück lieferbar und als Wettbewerbsfahrzeug ausschließlich Lizenzfahrern vorbehalten. Produktion des 1800 TI endete im Herbst 1968, nachdem dieses Modell angesichts des inzwischen herausgekommenen BMW 2000 uninteressant geworden war. Der normale 1800 hingegen behielt weiterhin wegen seiner Wirtschaftlichkeit und Zuverlässigkeit einen treuen Kundenstamm. Ab August 1968 bekam der BMW 1800 seine Hochform durch Übergang auf Kurzhubmotor. Während seither Motorblock und Kolben mit dem 1600, hingegen die Kurbelwelle mit dem 2000 baugleich waren, besaß der 1800 nunmehr genau umgekehrt Block und Kolben des 2000 sowie die Kurbelwelle des 1600. Dieser Motor lief bei gleicher Nennleistung ruhiger, elastischer und drehfreudiger. Neu außerdem Doppel-Zweikreisbremse und schwarzer Grill mit Mittelstreifen. Ab April 1971 Rechteck-Scheinwerfer und äußere Merkmale gleich wie BMW 2000. Ende der Produktion Juli 1972.

BMW 2000: Ende Januar 1966 erschien BMW 2000 mit 100 PS- und BMW 200 TI mit 120 PS-Zweiliter-Motor. BMW 2000 mit Rechteck-Scheinwerfern. BMW 2000 TI behielt Gewicht des BMW 1800, was sich jedoch als Verkaufshindernis erwies, weshalb ab Juli 1966 der BMW 2000 tilux mit Rechteck-Scheinwerfern erschien und BMW 2000 TI im Sommer 1968 aus dem Programm genommen wurde. Ab August 1968 alle Modelle mit Doppel-Zweikreisbremse. BMW 2000 tilux lief bis März 1970. Als dessen Nachfolger erschien ab Ende 1969 der BMW 2000 tii mit Einspritzmotor, der jedoch wegen seines hohen Preises und der im Verhältnis dazu nur unwesentlich höheren Leistung schwer verkäuflich blieb. Gleichbleibender Beliebtheit und hoher Wertschätzung bis zuletzt erfreute sich hingegen der normale BMW 2000. Wie alle Ausführungen der »Neuen Klasse« litt er zwar unter einer ziemlich unkomforta-

Preise	**BMW 1500**	**BMW 1800**	**BMW 1800 TI**			
Okt. 1962	DM 9485,–	–	–			
Sept. 1963	DM 9485,–	DM 9985,–	–			
	BMW 1600			**BMW 2000**	**BMW 2000 tilux**	**BMW 2000 CS**
März 1964	DM 9485,–	DM 9985,–	DM 10960,–	–	–	–
1965	DM 9485,–	DM 9985,–	DM 10960,–	–	–	DM 17000,–
April 1966	DM 9685,–	DM 10400,–	DM 11160,–	DM 11475,–	DM 12750,–	DM 17500,–
Aug. 1968	–	DM 10715,–	–	DM 11800,–	DM 12865,–	DM 17660,–
Nov. 1969	–	DM 11580,–	–	DM 12680,–	DM 13765,–	–
					BMW 2000 tii	
Juli 1970	–	DM 11580,–	–	DM 12680,–	DM 14290,–	–
Sept. 1971	–	DM 12370,–	–	DM 13290,–	DM 14960,–	–
Jan. 1972	–	DM 12870,–	–	DM 13790,–	DM 15460,–	–

Automatic (nur für BMW 1800 und 2000) + DM 1200,–

Produktion	BMW 1500	BMW 1600	BMW 1800	BMW 2000	
1962	1737				**1737**
1963	19634		8353		**27987**
1964	2436	2131	33254		**37821**
			(+2)		**(+2)**
1965		6395	50675	**57**	**57127**
		(+550)	(+847)		**(+1397)**
1966		1202	13397	43431	**58030**
			(+1090)	(+1494)	**(+2584)**
1967			9312	34418	**43730**
			(+264)	(+1078)	**(+1342)**
1968			7844	26350	**34194**
			(+2561)	(+1184)	**(+3745)**
1969			11273	22420	**33693**
			(+1576)	(+1846)	**(+3422)**
1970			14837	17625	**32462**
			(+878)	(+1670)	**(+2548)**
1971			7653	10603	**18256**
			(+140)	(+725)	**(+865)**
1972			–	337	**337**
			(+205)	(+689)	**(+894)**
1973			–	–	**–**
			(+413)	(+1036)	**(+1449)**
1974			–	–	**–**
			(+384)	(+372)	**(+756)**
	23807	**9728**	**156598**	**155241**	**345374**
		(+550)	**(+8360)**	**(+10094)**	**(+19004)**
	23807	**10278**	**164958**	**165335**	**364378**

Zahlen in Klammern (+ . . .) = Produktion im Ausland

BMW 1500 Limousine 4 Türen 1962–1964

blen Federung und einem arg schwachen Abblendlicht. Sympathie hingegen erweckten die kompakten Außenmaße des Wagens, die wesentlich zu seiner Handlichkeit und Wendigkeit beitrugen. Vor allem aber bestach er durch seine großartigen Lenkungs- und Kurveneigenschaften, durch gute Bremsen, die ordentliche Ausstattung sowie die für ihre Zeit ausgesprochen hübsche und gediegene Form der Karosserie. Im übrigen erfreute sich speziell der 2000 eines angenehm elastischen Motors. Die Produktion des BMW 2000 und des 2000 tii endete im Juni 1972, wobei es der letztere aber nur auf 1952 Exemplare gebracht hatte, während dem normalen BMW 2000 ein Massenerfolg beschieden war.

BMW 2000 C, 2000 CS (1965–1969)

Über 7 Monate vor den BMW 2000 Limousinen erschien mit dem Zweiliter-Motor im Juni 1965 das Coupé, entwickelt bei BMW und gebaut bei Karmann. Formgebung weniger überzeugend als bei den Limousinen. Bis Sommer 1969 wurden 2837 BMW 2000 C (fast immer mit Automatic) und 8883 BMW 2000 CS gebaut.

	BMW 1500 1962–1964	BMW 1600 1964–1966
Motor	Vergasermotor	Vergasermotor
Zylinderzahl	4 (Reihe). Block um 30° rechts seitlich geneigt	4 (Reihe). Block um 30° rechts seitlich geneigt
Bohrung x Hub	82 x 71 mm	84 x 71 mm
Hubraum	1499 ccm	1573 ccm
Leistung	80 PS bei 5700 U/min	83 PS bei 5500 U/min
Drehmoment	12,0 mkg bei 3000 U/min	12,6 mkg bei 3000 U/min
Verdichtung	1:8,8	1:8,6
Vergaser	1 Fallstromvergaser Solex 34 PICB. 1964: Solex 36-40 PDSI	1 Fallstromvergaser Solex 36-40 PDSI
Ventile	V-förmig hängend. Obenliegende Nockenwelle, Antrieb durch Duplexkette	
Kurbelwellenlager	5	
Kühlung	Pumpe, 7 Liter Wasser	
Schmierung	Druckumlauf, 4,25 l Öl	Druckumlauf, 4,25 l Öl
Batterie	6 V 77 Ah (im Motorraum)	6 V 77 Ah (im Motorraum)
Lichtmaschine	Gleichstrom 200 W	Gleichstrom 250 W
Kraftübertragung	Antrieb auf Hinterräder Kurze Kardanwelle	Antrieb auf Hinterräder Kurze Kardanwelle
Kupplung	Einscheibentrockenkupplung	Einscheibentrockenkupplung
Schaltung	Schalthebel Wagenmitte	Schalthebel Wagenmitte
Getriebe	4 Gang	4 Gang
Synchronisierung	I–IV	I–IV
Übersetzungen	I. 3,816 II. 2,170 III. 1,355 IV. 1,000	I. 3,816 II. 2,070 III. 1,330 IV. 1,000
Antriebs-Übersetzung	4,375	4,275
Fahrwerk	Selbsttragende Ganzstahlkarosserie	
Vorderradaufhängung	McPherson-Federbeine Schraubenfedern	
Hinterradaufhängung	Schräglenker Schraubenfedern	
Lenkung	Schnecke 17,58:1 3,75 Lenkraddrehungen	
Fußbremse	Hydraulik Scheibenbremsen vorn 268 mm ∅ Trommelbremsen hinten 250 mm ∅	
Allgemeine Daten		
Radstand	2550 mm	2550 mm
Spur vorn/hinten	1320/1366 mm	1320/1366 mm
Gesamtmaße	4500 x 1710 x 1450 mm	4500 x 1710 x 1450 mm
Felgen	4 1/2 J x 14	4 1/2 J x 14
Reifen	6,00-14 Auf Wunsch: 165 SR 14	6,00 S 14 Auf Wunsch: 165 SR 14
Wendekreis links/rechts	10,6/10,8 Meter	10,6/10,8 Meter
Wagengewicht	1060 kg	1070 kg
Zuläss. Gesamtgewicht	1450 kg	1450 kg
Höchstgeschwindigkeit	148 km/h	155 km/h
Beschleunigung 0–100 km/h	16 sec	14 sec
Verbrauch/100 km	11 bzw. (ab 1964) 11,5 Liter Super	12 Liter Super
Kraftstofftank	53 Liter (im Heck)	53 Liter (im Heck)

BMW 1800 1963–1968	BMW 1800 TI 1964–1966	BMW 1800 TI/SA 1964–1965	BMW 1800 1968–1972
Vergasermotor	Vergasermotor	Vergasermotor	Vergasermotor
4 (Reihe). Block um 30° rechts seitlich geneigt	4 (Reihe). Block um 30° rechts seitlich geneigt	4 (Reihe). Block um 30° rechts seitlich geneigt	4 (Reihe). Block um 30° rechts seitlich geneigt
84 x 80 mm	84 x 80 mm	84 x 80 mm	89 x 71 mm
1773 ccm	1773 ccm	1773 ccm	1766 ccm
90 PS bei 5250 U/min	110 PS bei 5800 U/min	130 PS bei 6100 U/min	90 PS bei 5250 U/min
14,6 mkg bei 3000 U/min	15,1 mkg bei 4000 U/min	16,0 mkg bei 5250 U/min	14,6 mkg bei 3000 U/min
1:8,6	1:9,5	1:10,5	1:8,6
1 Fallstromvergaser Solex 36-40 PDSI	2 Doppel-Flachstromvergaser Solex 40 PHH	2 Doppel-Flachstromvergaser Weber 45 DCOE	1 Fallstromvergaser Solex 36-40 PDSI
V-förmig hängend. Obenliegende Nockenwelle, Antrieb durch Duplexkette			
5			
Pumpe, 7 Liter Wasser			
Druckumlauf, 4,25 l Öl	Druckumlauf, 5,25 l Öl	Druckumlauf, 5,25 l Öl	Druckumlauf, 4,25 l Öl
6 V 77 Ah (im Motorraum)	6 V 66 Ah (im Motorraum)	6 V 66 Ah (im Motorraum)	12 V 44 Ah (im Motorraum)
Gleichstrom 250 W	Drehstrom 360 W	Drehstrom 360 W	Drehstrom 490 W
Antrieb auf Hinterräder	Antrieb auf Hinterräder	Antrieb auf Hinterräder	Antrieb auf Hinterräder
Kurze Kardanwelle	Kurze Kardanwelle	Geteilte Kardanwelle	Geteilte Kardanwelle
Einscheibentrockenkupplung	Einscheibentrockenkupplung	Einscheibentrockenkupplung	Einscheibentrockenkupplung
Schalthebel Wagenmitte	Schalthebel Wagenmitte	Schalthebel Wagenmitte	Schalthebel Wagenmitte
4 Gang	4 Gang	5 Gang	4 Gang
I–IV	I–IV	I–V	I–IV
I. 3,816	I. 3,816	I. 3,330	I. 3,835
II. 2,070	II. 2,070	II. 2,150	II. 2,053
III. 1,330	III. 1,330	III. 1,565	III, 1,345
IV. 1,000	IV. 1,000	IV. 1,225	IV. 1,000
		V. 1,000	
Ab 1966 auf Wunsch:		Auf Wunsch:	Auf Wunsch:
ZF Automatic		Sperrdifferential	ZF Automatic
Hydraulischer Wandler +			Hydraulischer Wandler +
3 Gang-Planetengetriebe			3 Gang-Planetengetriebe
Wählhebel Wagenmitte			Wählhebel Wagenmitte
I. 2,56, II. 1,52, III. 1,0			I. 2,56, II. 1,52, III. 1,0
Wandler 1,94 fach			Wandler 1,94 fach
4,22, Automatic 4,11	4,11 oder auch 3,89	4,11, 4,22, 4,75 oder 5,86	4,11
Selbsttr. Ganzstahlkarosserie	Selbsttr. Ganzstahlkarosserie	Selbsttr. Ganzstahlkarosserie	Selbsttr. Ganzstahlkarosserie
McPherson-Federbeine	McPherson-Federbeine	McPherson-Federbeine	McPherson-Federbeine
Schraubenfedern	Schraubenfedern	Schraubenfedern	Schraubenfedern
Auf Wunsch: Stabilisator	Stabilisator	Stabilisator	Auf Wunsch: Stabilisator
Schräglenker	Schräglenker	Schräglenker	Schräglenker
Schraubenfedern	Schraubenfedern	Schraubenfedern	Schraubenfedern
	Auf Wunsch: Stabilisator	Stabilisator	Auf Wunsch: Stabilisator
Schnecke 17,58:1	Schnecke 17,58:1	Schnecke 14,5:1	Schnecke 17,58:1
3,75 Lenkraddrehungen	3,75 Lenkraddrehungen	3 Lenkraddrehungen	3,75 Lenkraddrehungen
Hydraulik, Servohilfe	Hydraulik, Servohilfe,	Hydraulik, Servohilfe	Doppel-Zweikreis-Hydraulik, Servo
Scheibenbr. vorn 268 mm ∅	Scheibenbr. vorn 268 mm ∅	Scheibenbr. vorn 272 mm ∅	Scheibenbr. vorn 272 mm ∅
Trommelbr. hint. 250 mm ∅	Trommelbr. hint. 250 mm ∅	Trommelbr. hint. 250 mm ∅	Trommelbr. hint. 250 mm ∅
2550 mm	2550 mm	2550 mm	2550 mm
1320/1366 mm	1330/1376 mm	1330/1376 mm	1330/1376 mm
4500 x 1710 x 1450 mm	4500 x 1710 x 1450 mm	4500 x 1710 x 1450 mm	4500 x 1710 x 1450 mm
$4^1/_2$ J x 14	5 JK x 14	5 JK x 14	5 J x 14
6,00 S 14	6,00 S 14	165 HR 14 od. 6,00-14 Racing	6,45/165 S 14. Auf Wunsch
Auf Wunsch: 165 SR 14	Auf Wunsch: 165 SR 14		bzw. ab Juli 1970 Serie: 165 SR 14
10,6/10,8 Meter	10,6/10,8 Meter	10,6/10,8 Meter	10,6/10,8 Meter
1090 kg	1120 kg	1050 kg	1130 kg
1470 kg	1440 kg	1440 kg	1500 kg. Ab 1971: 1550 kg
162, Automatic 158 km/h	175 km/h	186 km/h	100, Automatic 162 km/h
13, Automatic 15 sec	11 sec	9 sec	13, Automatic 15 sec
12, Automatic 13 Liter Super	14 Liter Super	16 Liter Super	12, Automatic 13 Liter Super
53 Liter (im Heck)	53 Liter (im Heck)	53 Liter (im Heck)	53 Liter (im Heck)
		Auf Wunsch: 105 Liter	

	BMW 2000 C 1965–1969	BMW 2000 CS 1965–1969
Motor	Vergasermotor	Vergasermotor
Zylinderzahl	4 (Reihe). Block um 30°	4 (Reihe). Block um 30°
	rechts seitlich geneigt	rechts seitlich geneigt
Bohrung x Hub	89 x 80 mm	89 x 80 mm
Hubraum	1990 ccm	1990 ccm
Leistung	100 PS bei 5500 U/min	120 PS bei 5500 U/min
Drehmoment	16,0 mkg bei 3000 U/min	17,0 mkg bei 3600 U/min
Verdichtung	1:8,5	1:9,3
Vergaser	1 Fallstromvergaser	2 Doppel-Flachstromvergaser
	Solex 40 PDSI	Solex 40 PHH
Ventile	V-förmig hängend. Obenliegende Nockenwelle, Antrieb durch Duplexkette	
Kurbelwellenlager	5	
Kühlung	Pumpe, 7 Liter Wasser	
Schmierung	Druckumlauf, 4,25 Liter Öl	
Batterie	12 V 44 Ah (im Motorraum)	
Lichtmaschine	Drehstrom 490 W	
Kraftübertragung	Antrieb auf Hinterräder	Antrieb auf Hinterräder
	Geteilte Kardanwelle	Geteilte Kardanwelle
Kupplung	Einscheibentrockenkupplung	Einscheibentrockenkupplung
Schaltung	Schalthebel Wagenmitte	Schalthebel Wagenmitte
Getriebe	4 Gang	4 Gang
Synchronisierung	I–IV	I–IV
Übersetzungen	I. 3,835	I. 3,835
	II. 2,053	II. 2,053
	III. 1,345	III. 1,345
	IV. 1,000	IV. 1,000
	Auf Wunsch: ZF Automatic	
	Hydraulischer Wandler +	
	3 Gang-Planetengetriebe	
	Wählhebel Wagenmitte	
	I. 2,56, II. 1,52, III. 1,0	
	Wandler 1,94 fach	
Antriebs-Übersetzung	4,11	3,90
Fahrwerk	Selbsttragende Ganzstahlkarosserie	Selbsttragende Ganzstahlkarosserie
Vorderradaufhängung	McPherson-Federbeine	McPherson-Federbeine
	Schraubenfedern	Schraubenfedern
	Auf Wunsch: Stabilisator	Stabilisator
Hinterradaufhängung	Schräglenker	Schräglenker
	Schraubenfedern	Schraubenfedern
	Auf Wunsch: Stabilisator	Stabilisator
Lenkung	Schnecke 17,58:1	Schnecke 17,58:1
	3,75 Lenkraddrehungen	3,75 Lenkraddrehungen
Fußbremse	Hydraulik, Servohilfe	Hydraulik, Servohilfe
	Ab Juli 1968: Doppel-Zweikreis-Hydraulik	Ab Juli 1968: Doppel-Zweikreis-Hydraulik
	Scheibenbremsen vorn 272 mm ∅	Scheibenbremsen vorn 272 mm ∅
	Trommelbremsen hinten 250 mm ∅	Trommelbremsen hinten 250 mm ∅
Allgemeine Daten		
Radstand	2550 mm	2550 mm
Spur vorn/hinten	1330/1376 mm	1330/1376 mm
Gesamtmaße	4530 x 1675 x 1360 mm	4530 x 1675 x 1360 mm
Felgen	$5^{1}/_{2}$ J x 14	$5^{1}/_{2}$ J x 14
Reifen	6,95/175 S 14 (4 PR)	6,95/175 H 14 (6 PR)
	Auf Wunsch: 175 SR 14	Auf Wunsch: 175 HR 14
Wendekreis links/rechts	10,6/10,8 Meter	10,6/10,8 Meter
Wagengewicht	1200, Automatic 1220 kg	1200 kg
Zuläss. Gesamtgewicht	1580 kg	1580 kg
Höchstgeschwindigkeit	172, Automatic 168 km/h	185 km/h
Beschleunigung 0–100 km/h	13, Automatic 14 sec	12 sec
Verbrauch/100 km	13, Automatic 13,5 Liter Super	13,5 Liter Super
Kraftstofftank	53 Liter (im Heck)	53 Liter (im Heck)

	BMW 2000 1966–1972	BMW 2000 TI 1966–1968 BMW 2000 tilux 1966–1970	BMW 2000 tii 1969–1972	
	Vergasermotor	Vergasermotor	Einspritzmotor	
	4 (Reihe). Block um 30°	4 (Reihe). Block um 30°	4 (Reihe). Block um 30°	
	rechts seitlich geneigt	rechts seitlich geneigt	rechts seitlich geneigt	
	89 x 80 mm	89 x 80 mm	89 x 80 mm	
	1990 ccm	1990 ccm	1990 ccm	
	100 PS bei 5500 U/min	120 PS bei 5500 U/min	130 PS bei 5800 U/min	
	16,0 mkg bei 3000 U/min	17,0 mkg bei 3600 U/min	18,1 mkg bei 4500 U/min	
	1:8,5	1:9,3	1:9,5	
	1 Fallstromvergaser	2 Doppel-Flachstromvergaser	Einspritzpumpe Kugelfischer PL 04	
	Solex 40 PDSI	Solex 40 PHH		
		V-förmig hängend. Obenliegende Nockenwelle, Antrieb durch Duplexkette		
		5		
		Pumpe, 7 Liter Wasser		
		Druckumlauf, 4,25 Liter Öl		
		12 V 44 Ah (im Motorraum)		
	Drehstrom 490 W	Drehstrom 490 W	Drehstrom 630 W	
	Antrieb auf Hinterräder	Antrieb auf Hinterräder	Antrieb auf Hinterräder	
	Geteilte Kardanwelle	Geteilte Kardanwelle	Geteilte Kardanwelle	
	Einscheibentrockenkupplung	Einscheibentrockenkupplung	Einscheibentrockenkupplung	
	Schalthebel Wagenmitte	Schalthebel Wagenmitte	Schalthebel Wagenmitte	
	4 Gang	4 Gang	4 Gang	
	I–IV	I–IV	I–IV	
	I. 3,835	I. 3,835	I. 3,835	
	II. 2,053	II. 2,053	II. 2,053	
	III. 1,345	III. 1,345	III. 1,345	
	IV. 1,000	IV. 1,000	IV. 1,000	
	Auf Wunsch: ZF Automatic			
	Hydraulischer Wandler +			
	3 Gang-Planetengetriebe			
	Wählhebel Wagenmitte			
	I. 2,56, II. 1,52, III. 1,0			
	Wandler 1,94 fach			
	4,11	3,90	3,90	
	Selbsttragende Ganzstahlkarosserie	Selbsttragende Ganzstahlkarosserie	Selbsttragende Ganzstahlkarosserie	
	McPherson-Federbeine	McPherson-Federbeine	McPherson-Federbeine	
	Schraubenfedern	Schraubenfedern	Schraubenfedern	
	Ab Aug. 1968 auf Wunsch: Stabilisator	Stabilisator	Stabilisator	
	Schräglenker	Schräglenker	Schräglenker	
	Schraubenfedern	Schraubenfedern	Schraubenfedern	
	Auf Wunsch: Stabilisator	Stabilisator	Stabilisator	
	Schnecke 17,58:1	Schnecke 17,58:1	Schnecke 17,58:1	
	3,75 Lenkraddrehungen	3,75 Lenkraddrehungen	3,75 Lenkraddrehungen	
	Hydraulik, Servohilfe	Hydraulik, Servohilfe	Doppel-Zweikreis-Hydraulik, Servohilfe	
	Ab Juli 1968: Doppel-Zweikreis-Hydraulik	Ab Juli 1968: Doppel-Zweikreis-Hydraulik	Scheibenbremsen vorn 272 mm ∅	
	Scheibenbremsen vorn 272 mm ∅	Scheibenbremsen vorn 272 mm ∅	Trommelbremsen hinten 250 mm ∅	
	Trommelbremsen hinten 250 mm ∅	Trommelbremsen hinten 250 mm ∅		
	2550 mm	2550 mm	2550 mm	
	1330/1376 mm	1330/1376 mm	1330/1376 mm	
	4500 x 1710 x 1450 mm	4500 x 1710 x 1450 mm	4500 x 1710 x 1450 mm	
	5 J x 14	5½ J x 14	5½ J x 14	
	6,45/165 S 14 (4 PR). Auf Wunsch	6,95/175 H 14 (6 PR). Auf Wunsch:	175 HR 14	
	bzw. ab Juli 1970 Serie: 165 SR 14	175 SR oder HR 14		
	10,6/10,8 Meter	10,6/10,8 Meter	10,6/10,8 Meter	
	1170, Automatic 1190 kg	TI 1150, tilux 1170 kg	1170 kg	
	1550 kg	1540 kg	1560 kg	
	168, Automatic 164 km/h	181 km/h	105 km/h	
	13, Automatic 14 sec	12 sec	11 sec	
	13, Automatic 13,5 Liter Super	13,5 Liter Super	13,5 Liter Super	
	53 Liter (im Heck)	53 Liter (im Heck)	53 Liter (im Heck)	

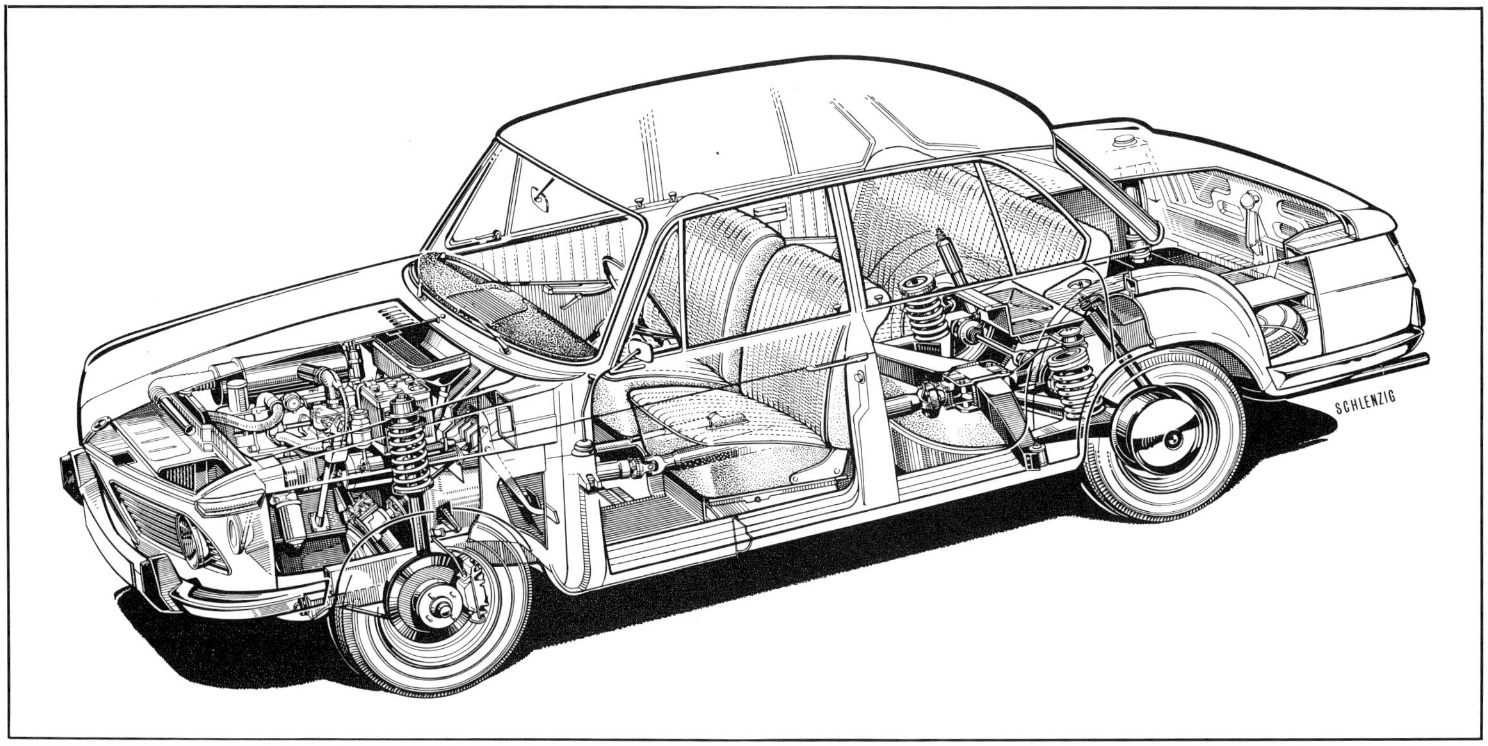

BMW 1500
Durchsichtzeichnung

BMW 1500
Limousine 4 Türen
1962–1964

BMW 1600
Limousine 4 Türen
1964–1966

BMW 1800
Limousine 4 Türen
1963–1968

BMW 1800
Limousine 4 Türen
1968–1971

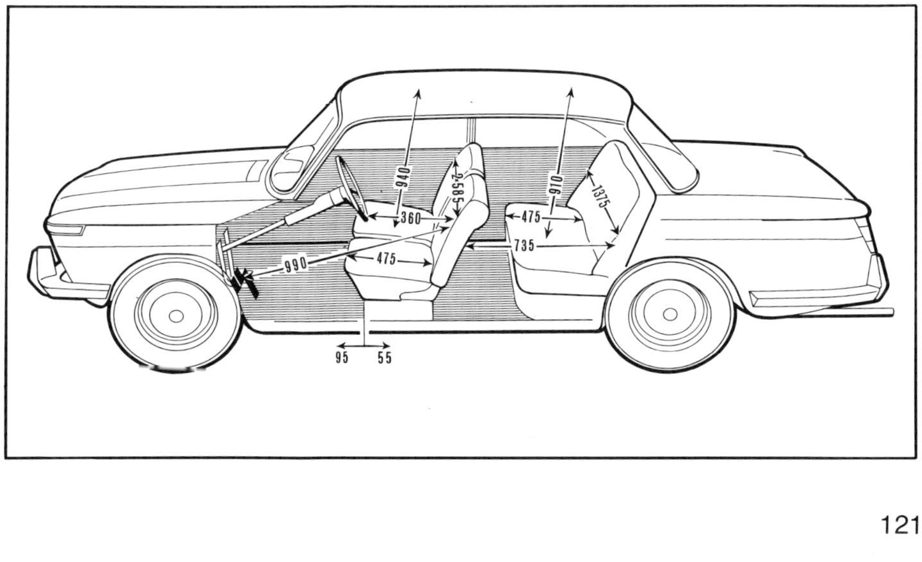

BMW 1500, 1600, 1800
Innenraum-Abmessungen

BMW 1800 TI
Limousine 4 Türen
1964–1968

BMW 2000 TI
Limousine 4 Türen
1966–1968

BMW 2000
Limousine 4 Türen
1966–1972

BMW 2000 tilux
Limousine 4 Türen
1966–1970

BMW 2000 tii
Limousine 4 Türen
1969–1972

BMW 1800
Limousine 4 Türen
1971–1972

BMW 2000 C
BMW 2000 CS
Coupé 4 Sitze
1965–1969

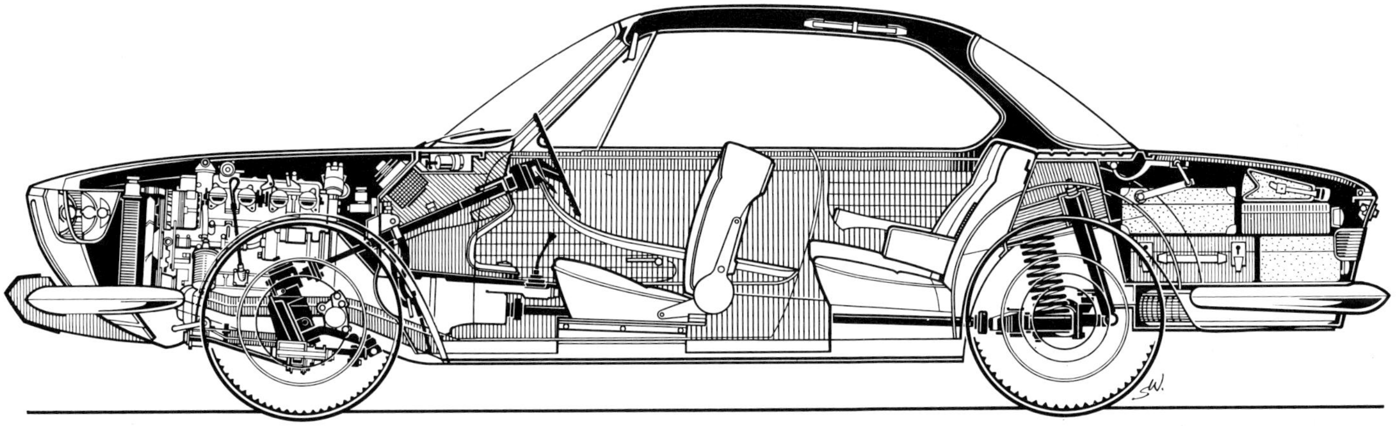

BMW 2000 C
BMW 2000 CS
Coupé 4 Sitze
1965–1969

BMW 1600–2, 1602 (1966–1975)
BMW 1802 (1971–1975)
BMW 2002 (1968–1975)
BMW 1502 (1975–1977)

02-Modellreihe mit gleichen Motoren und ähnlichem Fahrwerk wie BMW 1600/1800/2000 Viertüren-Limousinen, aber kleinere Zweitüren-Limousine von Coupé-ähnlicher Beschaffenheit, stilistisch allerdings ohne jede Brillanz. 02-Modellreihe fand begeisterte Kundschaft, welche die Leistungsfähigkeit, den sportlichen Charakter und gerade auch die äußere Unscheinbarkeit dieser kleinen Limousinen schätzte.

Vorgestellt wurde der BMW 1600–2 (–2 zur Unterscheidung vom damaligen BMW 1600 mit 4 Türen) auf dem Genfer Salon im März 1966. Die Produktion begann wenige Wochen später. Im September 1967 folgte der BMW 1600 TI mit Zweivergasermotor, Servobremse, Stabilisatoren, hinteren Ausstellfenstern und Drehzahlmesser. Er lebte allerdings nur bis November 1968, denn inzwischen gab es bereits den BMW 2002 und 2002 ti. Ab September 1967 erhielt der 1600–2 die 12 Volt-Elektrik mit Drehstrom-Lichtmaschine, ab September 1968 Doppel-Zweikreisbremse mit Servohilfe. Ab April 1971 lautete die Typenbezeichnung BMW 1602. Von da an erhielt er, wie die gesamte 02–Reihe, seitliche Gummileisten in Höhe der Stoßfänger.

Den BMW 2002 mit Zweiliter-Motor gab es seit Januar 1968. Im September 1968 erhielt er die Zweikreisbremse, ab September 1969 war er mit Automatic erhältlich und ab April 1971 trug auch er die seitlichen Gummileisten. Als Nachfolger für den 1600 TI gab es ab September 1968 den BMW 2002 ti mit Zweivergasermotor, der seinerseits im Februar 1971 durch den BMW 2002 tii mit Einspritzmotor abgelöst wurde.

Ab März 1971 war der BMW 1802 mit 1,8 Liter Kurzhubmotor erhältlich, das Idealauto für jene Interessenten, welche sich weder zum 2002 auf der einen, noch zum 1602 auf der anderen Seite entschließen mochten.

Als Kombi-Limousinen mit 2 Seitentüren und großer, oben angeschlagener Heckklappe erschienen im Februar 1971 der BMW 1600, 2000 und 2000 tii Touring. Dazu kam im September 1971 der 1800 Touring, wogegen im September 1972 der 1600 Touring entfiel. Ab 1973 lautete die Typenbezeichnung BMW Touring 1802, 2002 und 2002 tii. Die Touring-Modelle boten zwar einige praktische Vorteile, fuhren sich aber wegen ihrer Hecklastigkeit und Windempfindlichkeit weniger angenehm als die Limousinen. Sie verkauften sich längst nicht so gut wie erwartet, weshalb sie im Juli 1974 wieder aus dem Programm verschwanden.

Sehr bald schon, nämlich bereits im September 1967, erschien das BMW 1600 Cabriolet (Karosserie Baur, Stuttgart) mit voll versenkbarem Verdeck. Von Ende 1967 bis Anfang 1971 wur-

Produktion	BMW 1502	BMW 1600–2 BMW 1602	BMW Touring 1600	BMW 1600 GT	BMW 1802	BMW Touring 1800/1802	BMW 2002	BMW Touring 2000/2002	
1966		13 244							**13 244**
		(+219)							**(+219)**
1967		38 560		58			12		**38 630**
		(+3 916)							**(+3 916)**
1968		34 255		1 201			28 674		**64 130**
		(+2 587)					(+1 383)		**(+3 970)**
1969		26 336					39 847		**66 183**
		(+2 583)					(+2 204)		**(+4 787)**
1970		33 952					55 734		**89 686**
1971		26 176	1 998		14 675	269	59 857	7 795	**110 769**
1972		26 549	2 341		25 420	1 633	62 613	6 567	**125 123**
1973		21 804	40		21 022	1 856	54 992	6 077	**105 791**
1974	18	38 000			19 353	317	56 916	1 314	**115 918**
1975	41 337	9 139			2 881		26 121		**79 478**
1976	22 034						10 081		**32 115**
1977	9 243								**9 243**
	72 632	**268 015**	**4 379**	**1 259**	**83 351**	**4 075**	**394 847**	**21 753**	**850 311**
		(+9 305)					**(+3 587)**		**(+12 892)**
		277 320					**398 434**		**863 203**
Zahlen in Klammern (+...) = Produktion im Ausland									

Preise	BMW 1600-2			BMW 1600 TI		BMW 1600 Cabriolet	
März 1966	DM 8650,–			–		–	
Sept. 1967	DM 8650,–			DM 9950,–		DM 11980,–	
			BMW 2002				
Jan. 1968	DM 8680,–		DM 9400,–	DM 10035,–		DM 11980,–	
Juli 1968	DM 8760,–		DM 9480,–	DM 10125,–		DM 12090,–	
				BMW 2002 ti			
Okt. 1968	DM 8760,–		DM 9480,–	DM 10990,–		DM 12090,–	
Nov. 1969	DM 9280,–		DM 9980,–	DM 11990,–		DM 13255,–	
Jan. 1971	DM 9990,–		DM 10770,–	DM 12325,–		DM 13255,–	
	BMW 1602	BMW 1802		BMW 2002 tii	BMW 2000 Touring	BMW 2002 Cabriolet	
April 1971	DM 9/990,–	DM 10435,–	DM 10880,–	DM 12765,–	DM 11545,–	DM 14985,–	
Sept. 1971	DM 10250,–	DM 10770,–	DM 11230,–	DM 13180,–	DM 11920,–	DM 14985,–	
Jan. 1972	DM 10650,–	DM 11200,–	DM 11700,–	DM 13740,–	DM 12370,–	DM 15490,–	
Febr. 1973	DM 11100,–	DM 11700,–	DM 12300,–	DM 14400,–	DM 13000,–	DM 15985,–	
							BMW 2002 turbo
Sept. 1973	DM 11280,–	DM 11880,–	DM 12530,–	DM 14630,–	DM 13230,–	DM 16215,–	DM 18720,–
März 1974	DM 11890,–	DM 12620,–	DM 13290,–	DM 15560,–	DM 14030,–	DM 17160,–	DM 19980,–
Juni 1974	DM 12390,–	DM 13180,–	DM 13880,–	DM 16180,–	DM 14030,–	DM 17880,–	DM 20780,–
März 1975	DM 13090,–	DM 13860,–	DM 14640,–	DM 16980,–	–	DM 17880,–	–
	BMW 1502						
Jan. 1975	DM 11390,–						
März 1975	DM 11750,–						
Aug. 1975	DM 12380,–						
Mai 1976	DM 12880,–						
März 1977	DM 13380,–						

den 1681 Stück davon gebaut. Es wurde ab April 1971 durch das BMW 2002 Cabriolet mit Überrollbügel ersetzt. Dieses bot zwar mehr passive Sicherheit und mehr Festigkeit, welche den Einbau des stärkeren Motors erlaubte, andererseits aber nicht mehr den Genuß des völlig offenen Fahrens. Vom BMW 2002 Cabriolet hat Baur etwa 2300 Stück hergestellt.

Ab September 1973 wurde die gesamte 02–Modellreihe überarbeitet, äußerlich erkennbar am schwarzen Grill, Kopfstützen, Sitzgurte sowie eckigen statt runden Heckleuchten. Die Touring-Modelle hingegen erhielten nun runde Heckleuchten.

Zur Frankfurter Automobil-Ausstellung September 1973 stellte man als zusätzliches Modell den BMW 2002 turbo vor, bestückt mit Einspritzmotor und Abgas-Turbolader, Leistung 170 PS. Die poppig bemalte Sportlimousine stieß allein schon wegen der ursprünglich dafür vorgesehenen Spiegelschrift auf dem Frontspoiler auf heftige Kritik. In der Tat war der Zeitpunkt ihrer Vorstellung unglücklich gewählt (Ölkrise, Wirtschaftsrezession, Autoverteufelung). Zudem enttäuschten die Leistungen des Wagens in normalen Fahrbereichen. Nur 1670 BMW turbo wurden bis zur Produktionseinstellung Ende 1974 ausgeliefert.

BMW 1502: Im Januar 1975 verfiel das Werk in das andere Extrem und brachte einen abgemagerten 1602 als BMW 1502 heraus. Dieses Sparmodell mit 1,6 Liter Normalbenzin-Motor, nur etwa 1000 DM billiger als der 1602, fand erstaunlich viel Zuspruch, und zwar auch, nachdem im Juli 1975 die neue BMW 3er-Reihe herausgekommen war. Erst Anfang August 1977 wurde die Produktion des BMW 1502 beendet.

Insgesamt erreichte die 02–Reihe die stattliche Auflage von über 863000 Stück.

BMW 1600–2
Limousine 2 Türen
1966–1971

Bild oben rechts:
BMW 1600 TI
Limousine 2 Türen
1967–1968

BMW 2002
BMW 2002 ti
Limousine 2 Türen
1968–1971

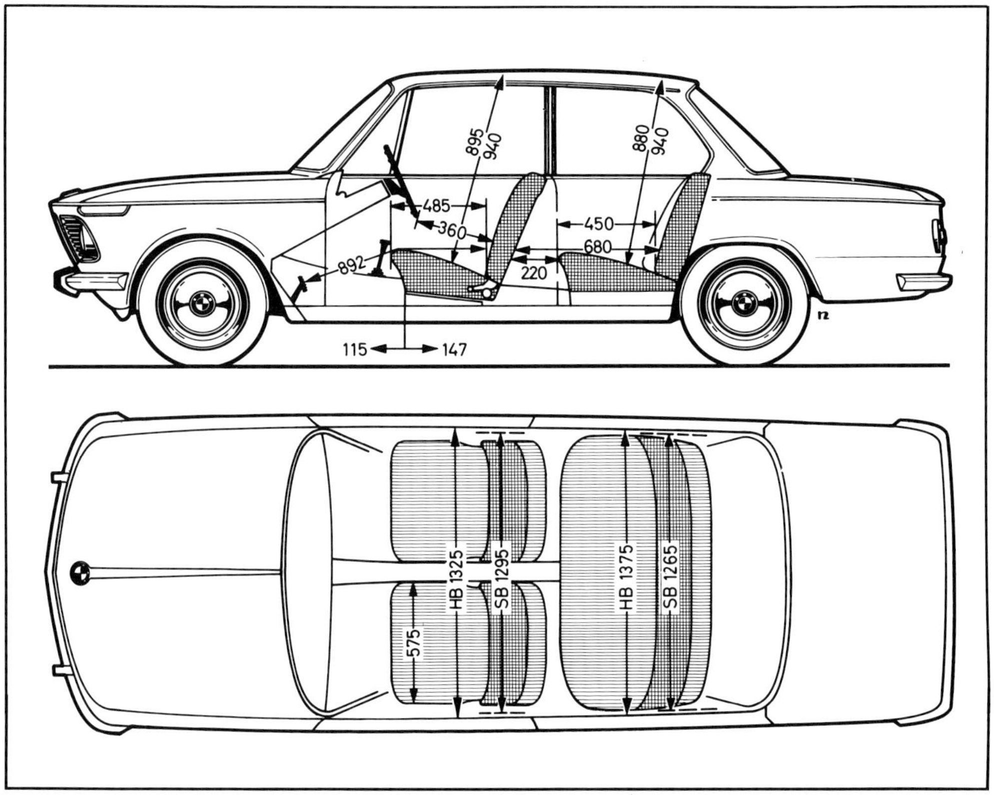

02-Limousinen
Innenabmessungen

	BMW 1502 ab 1975	BMW 1600-2, BMW 1602 1966–1975 BMW 1600 Cabriolet 1967–1971	BMW 1600 Touring 1971–1972	BMW 1600 TI 1967–1968
Motor	Vergasermotor	Vergasermotor		Vergasermotor
Zylinderzahl	4 (Reihe). Block um 30° rechts seitlich geneigt	4 (Reihe). Block um 30° rechts seitlich geneigt		4 (Reihe). Block um 30° rechts seitlich geneigt
Bohrung x Hub	84 x 71 mm	84 x 71 mm		84 x 71 mm
Hubraum	1573 ccm	1573 ccm		1573 ccm
Leistung	75 PS bei 5800 U/min	85 PS bei 5700 U/min		105 PS bei 6000 U/min
Drehmoment	12,0 mkg bei 3700 U/min	12,6 mkg bei 3000 U/min		13,4 mkg bei 4500 U/min
Verdichtung	1:8,0	1:8,6		1:9,5
Vergaser	1 Fallstromvergaser Solex 38 PDSI	1 Fallstromvergaser Solex 38 PDSI		2 Doppel-Flachstromvergaser Solex 40 PHH
Ventile	V-förmig hängend. Obenliegende Nockenwelle, Antrieb durch Duplexkette			
Kurbelwellenlager	5			
Kühlung	Pumpe, 7 Liter Wasser			
Schmierung	Druckumlauf, 4,25 Liter Öl			
Batterie	12 V 36 Ah (im Motorraum)	6 V 77 Ah (im Motorraum) Ab Sept. 1967: 12 V 36 Ah	12 V 36 Ah (im Motorraum)	12 V 44 Ah (im Motorraum)
Lichtmaschine	Drehstrom 490 W	Gleichstrom 250 W bzw. (ab Sept. 1967 Drehstrom 490 W	Drehstrom 490 W	Drehstrom 490 W
Kraftübertragung	Antrieb auf Hinterräder. Geteilte Kardanwelle			
Kupplung	Einscheibentrockenkupplung			
Schaltung	Schalthebel Wagenmitte			
Getriebe	4 Gang	4 Gang	4 Gang	4 Gang. Auf Wunsch: 5 Gang
Synchronisierung	I–IV	I–IV	I–IV	I–IV bzw. I–V
Übersetzungen	I. 3,764 II. 2,020 III. 1,320 IV. 1,000	Bis 1971: I. 3,835 II. 2,053 III. 1,345 IV. 1,000 Ab 1971: I. 3,764 II. 2,020 III. 1,320 IV. 1,000	I. 3,764 II. 2,020 III. 1,320 IV. 1,000	4 Gang: I. 3,835 II. 2,053 III. 1,345 IV. 1,000 5 Gang: I. 3,368 II. 2,160 III. 1,579 IV. 1,241 V. 1,000
Antriebs-Übersetzung	4,11	4,11	4,11	3,90
Fahrwerk	Selbsttragende Ganzstahlkarosserie			
Vorderradaufhängung	McPherson-Federbeine, Schraubenfedern Auf Wunsch (bei 1600 TI Serie): Drehstab-Stabilisator			
Hinterradaufhängung	Schräglenker, Schraubenfedern Auf Wunsch (bei 1600 TI Serie): Drehstab-Stabilisator			
Lenkung	Schnecke 17,58:1, 3,75 Lenkraddrehungen			
Fußbremse	Zweikreis-Hydraulik Servohilfe Scheibenbr. vorn 240 mm ∅ Trommelbr. hinten 230 mm ∅	Hydraulik bzw. (ab Sept. 1968) Doppel-Zweikreis-Hydraulik Servohilfe Scheibenbr. vorn 240 mm ∅ Trommelbr. hinten 200 mm ∅	Doppel-Zweikreis-Hydraulik Servohilfe Scheibenbr. vorn 240 mm ∅ Trommelbr. hinten 200 mm ∅	Hydraulik Servohilfe Scheibenbr. vorn 240 mm ∅ Trommelbr. hinten 200 mm ∅
Allgemeine Daten				
Radstand	2500 mm	2500 mm	2500 mm	2500 mm
Spur vorn/hinten	1330/1330 mm	1330/1330 mm bzw. (ab Sept. 1973) 1342/1342 mm	1330/1330 mm	1330/1330 mm
Gesamtmaße	4230 x 1590 x 1410 mm	4230 x 1590 x 1410 mm Cabriolet: 4230 x 1590 x 1360 mm	4110 x 1590 x 1380 mm	4230 x 1590 x 1410 mm
Felgen	$4^1/_2$ J x 13	$4^1/_2$ J x 13 bzw. (ab Sept. 1973) 5 J x 13	$4^1/_2$ J x 13	$4^1/_2$ J x 13
Reifen	165 SR 13	6,00 S 13. Auf Wunsch bzw. (ab Aug. 1970) Serie: 165 SR 13	165 SR 13	165 SR 13
Wendekreis links/rechts	10,4 Meter	10,4 Meter	10,4 Meter	10,4 Meter
Wagengewicht	980 kg	940 kg. Ab Sept. 1973: 980 kg Cabriolet: 980 kg	1030 kg	960 kg
Zuläss. Gesamtgewicht	1380 kg	1320 kg. Ab Sept. 1970: 1370 kg Cabriolet: 1320 kg	1450 kg	1335 kg
Höchstgeschwindigkeit	157 km/h	162 km/h	162 km/h	175 km/h
Beschleunigung 0–100 km/h	14,5 sec	13,5 sec	13,5 sec	11 sec
Verbrauch/100 km	12 Liter	11,5 Liter Super	11,5 Liter Super	12,5 Liter Super
Kraftstofftank	50 Liter (im Heck)	46 bzw. (ab Sept. 1973) 50 Liter (im Heck)	52 Liter (im Heck)	46 Liter (im Heck)

	BMW 1802 1971–1975	BMW 1800 Touring 1971–1974	BMW 2002 1968–1975 BMW 2002 Cabriolet 1971–1975	BMW 2000 Touring 1971–1974
Motor	Vergasermotor		Vergasermotor	
Zylinderzahl	4 (Reihe). Block um 30° rechts seitlich geneigt		4 (Reihe). Block um 30° rechts seitlich geneigt	
Bohrung x Hub	89 x 71 mm		89 x 80 mm	
Hubraum	1766 ccm		1990 ccm	
Leistung	90 PS bei 5250 U/min		100 PS bei 5500 U/min	
Drehmoment	14,6 mkg bei 3000 U/min		16,0 mkg bei 3500 U/min	
Verdichtung	1:8,6		1:8,5	
Vergaser	1 Fallstromvergaser		1 Fallstromvergaser	
bzw. Einspritzpumpe	Solex 38 PDSI		Solex 40 PDSI	
Ventile	V-förmig hängend. Obenliegende Nockenwelle, Antrieb durch Duplexkette			
Kurbelwellenlager	5			
Kühlung	Pumpe, 7 Liter Wasser			
Schmierung	Druckumlauf, 4,25 Liter Öl			
Batterie	12 V 44 Ah (im Motorraum)			
Lichtmaschine	Drehstrom 490 W bzw. (ab April 1971) 630 W			
Kraftübertragung	Antrieb auf Hinterräder. Geteilte Kardanwelle			
Kupplung	Einscheibentrockenkupplung			
Schaltung	Schalthebel Wagenmitte			
Getriebe	4 Gang oder (gegen Aufpreis) 5 Gang			
Synchronisierung	I–IV bzw. I–V			
Übersetzungen	4 Gang: I. 3,764 II. 2,020 III. 1,320 IV. 1,000		5 Gang: I. 3,368 II. 2,160 III. 1,579 IV. 1,241 V. 1,000	
			Auf Wunsch: ZF Automatic Hydraulischer Wandler + 3 Gang-Planetengetriebe Wählhebel Wagenmitte I. 2,56, II. 1,52, III. 1,0, Wandler 1,94 fach	
Antriebs-Übersetzung	4,11		3,64	
Fahrwerk	Selbsttragende Ganzstahlkarosserie			
Vorderradaufhängung	McPherson-Federbeine, Schraubenfedern 1800 Touring, 2002 Limousine, 2000 Touring: Drehstab-Stabilisator 1802 Limousine, 2002 Cabriolet auf Wunsch: Drehstab-Stabilisator			
Hinterradaufhängung	Schräglenker, Schraubenfedern 1800 Touring, 2002 Limousine, 2000 Touring: Drehstab-Stabilisator 1802 Limousine, 2002 Cabriolet auf Wunsch: Drehstab-Stabilisator			
Lenkung	Schnecke 17,58 : 1, 3,75 Lenkraddrehungen			
Fußbremse	Doppelkreis-Hydraulik, Servohilfe			
	Scheibenbremsen vorn 240 mm ∅ Trommelbremsen hinten 200 mm ∅		Scheibenbremsen vorn 240 mm ∅ Trommelbremsen hinten 230 mm ∅	
Allgemeine Daten				
Radstand	2500 mm	2500 mm	2500 mm	2500 mm
Spur	1330/1330 mm Ab Sept. 1973: 1342/1342 mm	1330/1330 mm Ab Sept. 1973: 1342/1342 mm	1330/1330 mm Ab Sept. 1973: 1342/1342 mm	1330/1330 mm Ab Sept. 1973: 1342/1342 mm
Gesamtmaße	4230 x 1590 x 1410 mm	4110 x 1590 x 1380 mm	4230 x 1590 x 1410 mm Cabriolet: 4230 x 1590 x 1360 mm	4110 x 1590 x 1380 mm
Felgen	$4^1/_2$ J x 13 Ab Sept. 1973: 5 J x 13	$4^1/_2$ J x 13 Ab Sept. 1973: 5 J x 13	$4^1/_2$ J x 13 Ab Sept. 1973: 5 J x 13	$4^1/_2$ J x 13 Ab Sept. 1973: 5 J x 13
Reifen	165 SR 13	165 SR 13	165 SR 13	165 SR 13
Wendekreis links/rechts	10,4 Meter	10,4 Meter	10,4 Meter	10,4 Meter
Wagengewicht	980 kg	1030 kg	990, Cabr. 1040 kg Automatic + 20 kg	1030 kg Automatic + 20 kg
Zuläss. Gesamtgewicht	1370 kg	1450 kg	1390 kg	1450 kg
Höchstgeschwindigkeit	167 km/h		173, Automatic 169 km/h	
Beschleunigung 0–100 km/h	12 sec		11, Automatic 12 sec	
Verbrauch/100 km	12 Liter Super		12,5, Automatic 13 Liter Super	
Kraftstofftank	46 Liter (im Heck) Ab Sept. 1973: 50 Liter (im Heck)	52 Liter (im Heck)	46 Liter (im Heck) Ab Sept. 1973: 50 Liter (im Heck)	52 Liter (im Heck)

	BMW 2002 ti 1968–1971	BMW 2002 tii 1971–1975	BMW 2000 tii Touring 1971–1974	BMW 2002 turbo 1973–1974
	Vergasermotor 4 (Reihe). Block um 30° rechts seitlich geneigt 89 x 80 mm 1990 ccm 120 PS bei 5500 U/min 17,0 mkg bei 3600 U/min 1:9,3 2 Doppel-Flachstromvergaser Solex 40 PHH	Einspritzmotor 4 (Reihe). Block um 30° rechts seitlich geneigt 89 x 80 mm 1990 ccm 130 PS bei 5800 U/min 18,1 mkg bei 4500 U/min 1:9,5 Kugelfischer Einspritzpumpe PL 04		Einspritzmotor mit Abgasturbolader 4 (Reihe). Block um 30° rechts seitlich geneigt 80 x 80 mm 1990 ccm 170 PS bei 5800 U/min 24,5 mkg bei 4000 U/min 1:6,9 Kugelfischer Einspritzpumpe PL 04 Turbolader KKK BLD
	V-förmig hängend. Obenliegende Nockenwelle, Antrieb durch Duplexkette 5			
	Pumpe, 7 Liter Wasser Druckumlauf, 4,25 Liter Öl 12 V 44 Ah (im Motorraum) Drehstrom 490 W bzw. (ab April 1971) 630 W	Pumpe, 7 Liter Wasser Druckumlauf, 4,25 Liter Öl 12 V 44 Ah (im Motorraum) Drehstrom 630 W		Pumpe, 7 Liter Wasser Druckumlauf, 4,25 Liter Öl 12 V 44 Ah (im Motorraum) Drehstrom 630 W
	Antrieb auf Hinterräder. Geteilte Kardanwelle Einscheibentrockenkupplung Schalthebel Wagenmitte 4 Gang oder (gegen Aufpreis) 5 Gang I–IV bzw. I–V			
	4 Gang I. 3,835 II. 2,053 III. 1,345 IV. 1,00 5 Gang I. 3,368 II. 2,160 III. 1,579 IV. 1,241 V. 1,000	4 Gang I. 3,764 II. 2,020 III, 1,320 IV. 1,000 5 Gang I. 3,368 II, 2,160 III. 1,579 IV. 1,241 V. 1,000		4 Gang I. 3,764 II. 2,020 III. 1,320 IV. 1,000 5 Gang I. 3,368 II. 2,160 III. 1,579 IV. 1,241 V. 1,000
	3,64	3,64		3,36
	Selbsttragende Ganzstahlkarosserie McPherson-Federbeine, Schraubenfedern Drehstab-Stabilisator			
	Schräglenker, Schraubenfedern Drehstab-Stabilisator			
	Schnecke 17,58:1, 3,75 Lenkraddrehungen Doppel-Zweikreis-Hydraulik, Servohilfe			
	Scheibenbremsen vorn 256 mm ∅ Trommelbremsen hinten 230 mm ∅	Scheibenbremsen vorn 256 mm ∅ Trommelbremsen hinten 230 mm ∅		Scheibenbremsen vorn 256 mm ∅ Trommelbremsen hinten 250 mm ∅
	2500 mm 1342/1342 mm	2500 mm 1342/1342 mm	2500 mm 1342/1342 mm	2500 mm 1375/1362 mm
	4230 x 1590 x 1410 mm	4230 x 1590 x 1410 mm	4110 x 1590 x 1380 mm	4220 x 1620 x 1410 mm
	5 J x 13	5 J x 13	5 J x 13	5½ J x 13 (Stahl) Auf Wunsch: 6 J x 13 (Alu)
	165 HR 13 10,4 Meter 990 kg	165 HR 13 10,4 Meter 1010 kg	165 HR 13 10,4 Meter 1050 kg	185/70 HR 13 10,5 Meter 1080 kg
	1350 kg 185 km/h 10 sec 13 Liter Super 46 Liter (im Heck)	1410 kg 190 km/h 10 sec 13 Liter Super 46 Liter (im Heck) Ab Sept. 1973: 50 Liter (im Heck)	1450 kg 190 km/h 10 sec 13 Liter Super 52 Liter (im Heck)	1440 kg 211 km/h 8 sec 14,5 Liter Super 70 Liter (im Heck)

BMW 1602
BMW 1802
Limousine 2 Türen
1971–1973

BMW 2002
BMW 2002 tii
Limousine 2 Türen
1971–1973

BMW 1602
BMW 1802
Limousine 2 Türen
1973–1975

BMW 2002
BMW 2002 tii
Limousine 2 Türen
1973–1975

BMW 1502
Limousine 2 Türen
1975–1977

BMW 1600
Cabriolet 2/2 Sitze
Karosserie Baur
1967–1971

BMW 2002
Cabriolet 2/2 Sitze
mit Überrollbügel
Karosserie Baur
1971–1973

BMW 2002
Cabriolet 2/2 Sitze
mit Überrollbügel
Karosserie Baur
1973–1975

BMW Touring 1600
BMW Touring 1800
Kombilimousine 2 Türen
1971–1972

BMW Touring 2000
BMW Touring 2000 tii
Kombilimousine 2 Türen
1971–1972

BMW Touring 1802
BMW Touring 2002
BMW Touring 2002 tii
Kombilimousine 2 Türen
1973–1974

BMW 2002 TI »Garmisch«, Karosserie Bertone. Prototyp 1970. Auf dem Genfer Salon im März 1970 präsentierte Bertone als Modellstudie einen BMW 2002 TI als Coupé. Das Auto gefiel allgemein gut. Nicht nur beim Publikum fand es Anklang, sondern auch bei führenden Männern von BMW. Es wurde dann aber doch nicht übernommen. Wahrscheinlich wäre der Verkaufspreis zu hoch geworden.

BMW 2002 turbo
Limousine 2 Türen
1973–1974

BMW 1600 GT (1967–1968)

Das elegant aussehende, leistungsfähige und verhältnismäßig billige Coupé Glas 1300 GT und Glas 1700 GT war wohl das bestgelungene Modell unter allen von der früheren Hans Glas GmbH. (Dingolfing) herausgebrachten Automobilen. Karosserie-Entwurf und -Herstellung: Frua (Turin). 5378 Wagen dieser beiden Typen produzierte die Firma Glas von März 1964 bis September 1967.

Dem Coupé war es als einzigem Modell aus dem Nachlaß der Firma Glas vergönnt, noch ein Jahr lang als BMW 1600 GT weitergebaut zu werden. Außer dem BMW-Gesicht erhielt es Motor, Getriebe und Hinterachse des BMW 1600 TI, während vom Ursprungsmodell die Karosserie und die Vorderachse beibehalten wurden. Ab September 1967 bis August 1968 produzierte BMW allerdings nur noch 1259 Wagen dieses Typs. Preis:

BMW 1600 GT Coupé 2/2 Sitze DM 15850,–
Ausverkaufspreis ab Oktober 1968: DM 10900,–

(BMW) Glas 3000 V8 (1967–1968)

Ab August 1966 bis Anfang 1967 wurde der Glas 2600 V8 gebaut, ein sportliches Viersitzer-Coupé mit V8–Motor, De-Dion-Hinterachse und Frua-Karosserie im damaligen Maserati-Stil (»Glaserati«). Der sehr kurze Radstand erwies sich als nachteilig für Optik und Fahreigenschaften. Aber das Auto erschien sehr preisgünstig. 277 Exemplare des Glas 2600 V8 wurden ausgeliefert.

BMW vergrößerte den Motor, was übrigens schon vorher bereits bei Glas geplant war, auf 3 Liter Hubraum. Man wertete den Glas 3000 V8 dadurch auf, daß auf Motorhaube, Kofferraumdeckel und Radkappen BMW-Zeichen angebracht wurden. Seine Käufer bezeichneten den Wagen als BMW, werksoffiziell wurde er ungeachtet der Markenzeichen weiterhin als Glas 3000 V8 angeboten. Die Produktion dieses Modells lief ab September 1967 bis Mai 1968. Zur Auslieferung kamen 389 Glas 3000 V8. Preis:

(BMW) Glas 3000 V8 Coupé 4 Sitze DM 23850,–

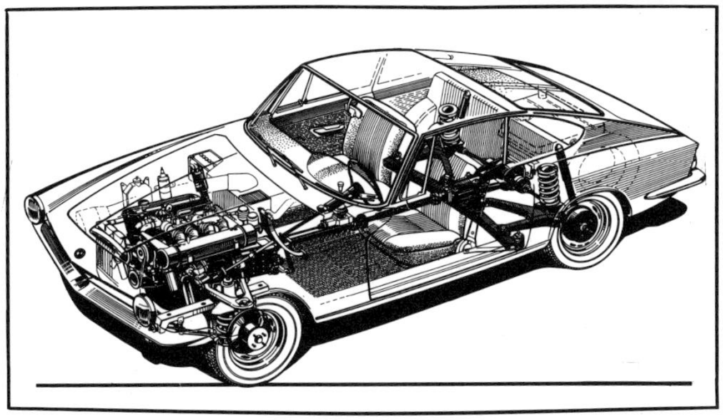

BMW 1600 GT
Coupé 2/2 Sitze
1967–1968

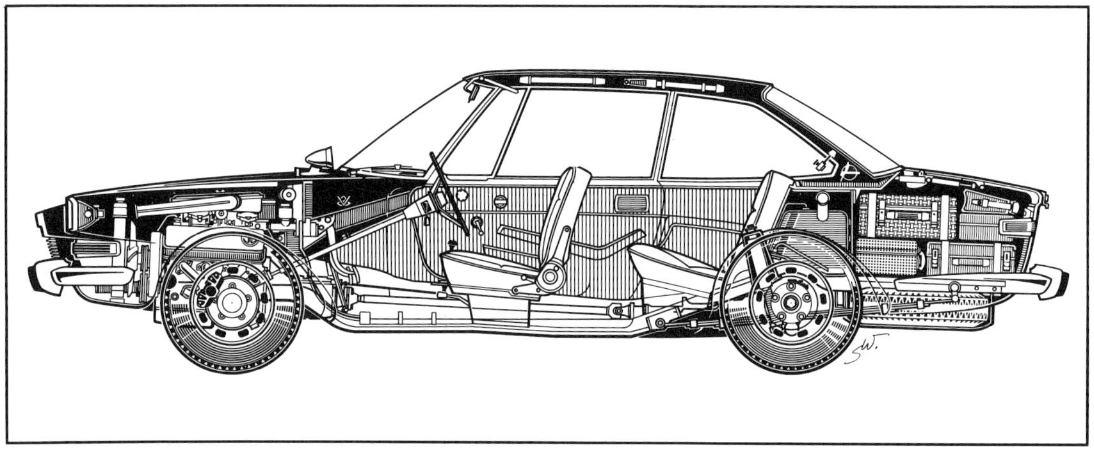

(BMW) Glas 3000 V 8
Coupé 4 Sitze
1967–1968

	BMW 1600 GT 1967 – 1968	(BMW) Glas 3000 V8 1967 – 1968	
Motor	BMW	(BMW) Glas	
Zylinderzahl	4 (Reihe) Block um 30° rechts seitlich geneigt	V8 (90°-V-Form)	
Bohrung x Hub	84 x 71 mm	78 x 78 mm	
Hubraum	1573 ccm	2982 ccm	
Leistung	105 PS bei 6000 U/min	160 PS bei 5100 U/min	
Drehmoment	13,4 mkh bei 4500 U/min	24,0 mkg bei 3900 U/min	
Verdichtung	1:9,5	1:9,2	
Vergaser	2 Doppel-Flachstromvergaser Solex 40 PHH	3 Doppel-Fallstromvergaser (davon 2 in Registeranordnung) Solex 35 DDIS	
Ventile	V-förmig hängend Obenliegende Nockenwelle Antrieb durch Duplex-Kette	V-förmig hängend Je 1 obenliegende Nockenwelle Antrieb durch je 1 Zahnriemen	
Kurbelwellenlager	5	5	
Kühlung	Pumpe, 7 Liter Wasser	Pumpe, 15,5 Liter Wasser	
Schmierung	Druckumlauf, 4 Liter Öl	Druckumlauf, 6,5 Liter Öl	
Batterie	12 V 44 Ah (im Motorraum)	12 V 55 Ah (im Motorraum)	
Lichtmaschine	Drehstrom 35 A	Drehstrom 500 W	
Zündung	Batteriezündung	Transistorzündung	
Anlasser	1 PS	1 PS	
Kraftübertragung	Antrieb auf Hinterräder Geteilte Kardanwelle	Antrieb auf Hinterräder Geteilte Kardanwelle	
Kupplung	Einscheibentrockenkupplung	Einscheibentrockenkupplung	
Schaltung	Schalthebel Wagenmitte	Knüppelschaltung Wagenmitte	
Getriebe	4 Gang oder 5 Gang	4 Gang	
Synchronisierung	I – IV / I – V	I–IV	
Übersetzungen	I. 3,835 / I. 3,368 II. 2,053 / II. 2,160 III. 1,345 / III. 1,579 IV. 1,000 / IV. 1,241 V. 1,000	I. 3,918 II. 2,133 III. 1,361 IV. 1.000	
Antriebs-Übersetzung	3,64	3,364	
Fahrwerk	Selbsttragende Ganzstahlkarosserie	Selbsttragende Ganzstahlkarosserie	
Vorderradaufhängung	Doppel-Querlenker, Schraubenfedern Querstabilisator	Doppel-Querlenker, Schraubenfedern Querstabilisator	
Hinterradaufhängung	Schräglenker, Schraubenfedern	DeDion-Achse, Dreiblatt-Halbfedern Panhardstab	
Lenkung	Schnecke (ZF-Gemmer, 16,45:1) 3,5 Lenkraddrehung	Schnecke (15,7:1), Servohilfe 3 Lenkraddrehungen	
Fußbremse	Hydraulisch, Servohilfe Scheibenbremsen vorn 268 mm ∅ Trommelbremsen hinten 230 mm ∅	Hydraulisch, Servohilfe Scheibenbremsen vorn 272 mm ∅ Scheibenbremsen hinten 268 mm ∅ (innen am Differential)	
Handbremse	Mechanisch auf Hinterräder	Mechanisch auf Hinterräder (Trommelbremsen mit Scheibenbremsen kombiniert)	
Allgemeine Daten			
Radstand	2320 mm	2500 mm	
Spur vorn/hinten	1260/1260 mm	1432/1412 mm	
Gesamtmaße	4050 x 1550 x 1280 mm	4600 x 1750 x 1380 mm	
Felgen	4 1/2 J x 14	5 1/2 JK x 14	
Reifen	155 HR 14	185 H 14 oder 185 HR 14	
Wendekreis links/rechts	10,6/10,7 Meter	12,6/11,1 Meter	
Wagengewicht	970 kg	1350 kg	
Zuläss. Gesamtgewicht	1330 kg	1800 kg	
Höchstgeschwindigkeit	185 km/h	195 km/h	
Beschleunigung 0–100 km/h	11 sec	10 sec	
Verbrauch/100 km	12,5 Liter Super	16 Liter Super	
Kraftstofftank	55 Liter (im Heck)	80 Liter (im Heck)	

BMW 1800 SA, 2000 SA (1968–1972)
BMW 1804, 2004 (1973–1975)

Der Glas 1700, eine von Frua (Turin) entworfene Viertüren-Limousine, wurde von der Hans Glas GmbH. (Dingolfing) ab September 1964 bis Herbst 1967 in einer Auflage von 13789 Exemplaren hergestellt. Danach überließen die Bayerischen Motoren Werke sämtliche Produktionswerkzeuge für dieses Modell ihrem südafrikanischen Konzessionär in Pretoria. Dieser baute ab 1. Juli 1968 den BMW 1800 SA (anfangs 1800 GL) und ab 1970 den BMW 2000 SA. Beide Wagen bestanden aus der Karosserie und dem Fahrwerk des einstigen Glas 1700, während Motor und Getriebe komplett aus München angeliefert wurden. Äußerlich unterschieden sich diese Wagen vom Glas 1700 nur durch die BMW-Zeichen vorn, hinten und an den Rädern. Ab 1973 bis 1975 wurden beide Modelle als BMW 1804 und 2004 weitergeführt, besaßen aber nun ein richtiges BMW-Gesicht und eine überarbeitete Heckpartie. 1974 wurde die südafrikanische Montagefirma von BMW übernommen. Von da an begann die Montage der neuen 5er-Reihe (518 bis 530). Die Produktion der seitherigen Modelle endete 1975. Von diesen letzteren dürften schätzungsweise etwa 12000 Stück gebaut worden sein. Ein Teil davon ging übrigens nach Rhodesien. Im Verhältnis zur Größe der dortigen Märkte war die Zahl der BMW-Wagen unbedeutend. Sie waren nämlich recht teuer, erfreuten sich aber eines guten Markenrufs.

BMW 1800 SA
BMW 2000 SA
Limousine 4 Türen
1968–1972

BMW 1804
BMW 2004
Limousine 4 Türen
1973–1975

BMW 2500, 2800 (1968–1977)
BMW 3,0 S (1971–1977)
BMW 2,8 L, 3,0 L, 3,3 L (1974–1977)

Im September 1968 begann die Produktion der damals völlig neuen BMW 2500 und 2800 Limousinen. Sie stimmten in Form, Größe, Gewicht, Leistung und Preis nahezu genau mit den entsprechenden Modellen der kleineren Mercedes-Reihe überein. Diesen gegenüber machten sie einerseits infolge der zwar wundervoll turbinenmäßig laufenden, aber doch nervöseren Motors und wegen der härteren Federung einen sportlicheren Eindruck, boten aber andererseits weniger Komfort und weniger Perfektion in manchen Details. Der BMW 2800, zunächst wesentlich reichhaltiger ausgestattet als der 2500, besaß bis Ende 1971 serienmäßig Niveauregulierung und Sperrdifferential. Erstere entfiel dann ersatzlos, letzteres blieb, auch für alle späteren Ausführungen, als Sonderausstattung lieferbar.

Im April 1971 folgte der BMW 3,0 S mit Dreiliter-Vergaser- und im September 1971 der BMW 3,0 Si mit Dreiliter-Einspritzmotor. Ab September 1973 erhielt die gesamte Modellreihe einen schwarzen Grill, neue Felgen, Sitzhöhen- und Lenksäulenverstellung sowie Kopfstützen und Automatikgurte. Zum Jahresende 1974 entfiel der 2800, nachdem sich inzwischen die meisten Käufer für einen Dreiliter-Motor entschieden hatten.

Im August 1973 wurde als Spitzenmodell dieser Baureihe der BMW 3,3 L mit 10 cm längerem Radstand, entsprechend zugunsten der Rücksitze verlängerter Karosserie und besonders luxuriöser Ausstattung vorgestellt. Seine Produktion begann im März 1974. Ab Februar 1975 gab es mit der gleichen langen Karosserie den 2,8 L und den 3,0 L. Die Produktion dieser großen BMW-Modelle lief bis Frühjahr 1977. Noch kurz vorher, nämlich ab September 1976 ging man beim 3,3 L zu einem Einspritzmotor (mit anderen Zylinderabmessungen) über, was jedoch außer einer nochmaligen wesentlichen Verteuerung keinen weiteren Effekt hatte. Schon die Grundmodelle, aber auch die verlängerten Karosserien waren überfordert, wenn sie, was laienhaft oft geschah, den S-Typen von Mercedes vergleichsweise gegenübergestellt wurden. Sie konnten mit ihnen weder im Format noch inbezug auf Komfort und Prestige konkurrieren. Dabei kostete der BMW 3,3 L ebenso viel wie ein Mercedes 450 SE! Dennoch verzeichnete BMW für die gesamte Baureihe einen beachtlichen Verkaufserfolg.

BMW 2800 CS (1968–1971)
BMW 3,0 CS (1971–1975)
BMW 2,5 CS (1974–1975)

Das BMW 2800 CS Coupé wurde im September 1968 vorgestellt und ab Dezember 1968 in Serie gebaut. Es besaß die gleiche, von Karmann hergestellte Karosserie wie der frühere BMW 2000 CS, wirkte aber durch längere Motorhaube und wesentlich geschicktere Frontgestaltung sehr viel ansehnlicher. 9400 Stück dieses Modells wurden bis April 1971 ausgeliefert.

Als Nachfolger erschienen, zusammen mit den entsprechenden Limousinen, im April 1971 der BMW 3,0 CS und im Sep-

BMW 2500
BMW 2800
Limousine 4 Türen
1968–1973

tember 1971 der BMW 3,0 CSi. Äußerlich unterschieden sie sich kaum vom 2800 CS, technisch hauptsächlich durch den größeren Motor und Vierrad-Scheibenbremsen.

Im Mai 1971 entstand das aus dem 3,0 CS entwickelte Leichtbau-Coupé 3,0 CSL mit zunächst unverändertem 180 PS-Vergasermotor, dem im August 1972 die Ausführung mit 200 PS-Einspritzmotor und im August 1973 die dritte Version mit 3154 ccm-Motor folgten. Gedacht waren die CSL als Basisfahrzeuge für den Rennsport, wofür sie auch mit großem Erfolg Verwendung fanden, doch wurden die meisten CSL von Privatleuten mit der dem 3,0 CS entsprechenden Komfortausstattung für den normalen Straßenverkehr gekauft.

Im Hinblick auf die Wirtschaftslage lieferte BMW das Coupé ab April 1974 auch mit dem 2,5 Liter-Motor sowie einfacher Ausstattung als BMW 2,5 CS. Zum Jahresende 1975 wurde die Produktion aller Coupés dieser Baureihe beendet. Die Gesamtzahl mit 44254 Stück war für ein Automobil dieser Klasse ein enormer Erfolg.

Preise	**BMW 2500**	**BMW 2800**	**BMW 2,8 L**	**BMW 3,0 S**	**BMW 3,0 L**	**BMW 3,0 Si**	**BMW 3,3 L**
Okt. 1968	DM 15485,–	DM 17250,–	–	–	–	–	–
Nov. 1969	DM 16350,–	DM 18450,–	–	–	–	–	–
Jan. 1971	DM 16875,–	DM 18985,–	–	–	–	–	–
April 1971	DM 16985,–	DM 18985,–	–	DM 19980,–	–	–	–
Aug. 1971	DM 17530,–	DM 18450,–	–	DM 20620,–	–	DM 22690,–	–
Jan. 1972	DM 18280,–	DM 19250,–	–	DM 21490,–	–	DM 23590,–	–
Febr. 1973	DM 19200,–	DM 20300,–	–	DM 22600,–	–	DM 24800,–	–
Aug. 1973	DM 19650,–	DM 20750,–	–	DM 22930,–	–	DM 25130,–	DM 35600,–
März 1974	DM 20540,–	DM 21700,–	–	DM 23980,–	–	DM 26280,–	DM 37550,–
Juni 1974	DM 21280,–	DM 22530,–	–	DM 24860,–	–	DM 27280,–	DM 38980,–
März 1975	DM 22430,–	–	DM 25980,–	DM 26990,–	DM 28920,–	DM 29500,–	DM 39980,–
Aug. 1975	DM 23260,–	–	DM 26980,–	DM 27960,–	DM 29980,–	DM 30580,–	DM 41380,–
Mai 1976	DM 24350,–	–	DM 28340,–	DM 29300,–	DM 31420,–	DM 32060,–	DM 43320,–
März 1977	DM 25450,–	–	DM 29550,–	DM 30400,–	DM 32550,–	DM 33200,–	DM 44920,–

	BMW 2,5 CS	**BMW 2800 CS**	**BMW 3,0 CS**	**BMW 3,0 CSi**	**BMW 3,0 CSL**	**Automatic**
Okt. 1968	–	DM 22980,–	–	–	–	+ DM 1380,–
Nov. 1969	–	DM 24510,–	–	–	–	+ DM 1340,–
Jan. 1971	–	DM 24975,–	–	–	–	+ DM 1340,–
April 1971	–	–	DM 26975,–	–	–	+ DM 1390,–
Aug. 1971	–	–	DM 27840,–	–	DM 31950,–	+ DM 1450,–
Juni 1972	–	–	DM 28950,–	DM 30650,–	DM 31950,–	+ DM 1500,–
Febr. 1973	–	–	DM 30300,–	DM 32100,–	DM 32700,–	+ DM 1550,–
Aug. 1973	–	–	DM 30540,–	DM 32340,–	DM 35700,–	+ DM 1550,–
März 1974	–	–	DM 31930,–	DM 33810,–	DM 37580,–	+ DM 1580,–
Juni 1974	DM 28550,–	–	DM 32980,–	DM 34980,–	DM 38860,–	+ DM 1580,–
März 1975	DM 30180,–	–	DM 34720,–	DM 36820,–	DM 40880,–	+ DM 1580.–
Aug. 1975	DM 31220,–	–	DM 35900,–	DM 38080,–	DM 42260,–	+ DM 1580,–

Produktion	**BMW 2500**	**BMW 2800**	**BMW 3,0**	**BMW 3,3 L**	
1968	2560	140			**2700**
1969	20004	16611			**36615**
1970	17210	19260			**36470**
1971	10241	7645	16921		**34807**
1972	14166	2571	26872		**43609**
1973	13184	2371	26200		**41755**
1974	5099	948	11642	1131	**18820**
1975	5536	2455	8837	895	**17723**
1976	5249	2360	9339	927	**17875**
1977	957	236	915	77	**2185**
	94206	**54597**	**100726**	**3030**	**252559** Limousinen: 208305 CS-Coupés: 44254

BMW 2500
Limousine 4 Türen
1973–1977

BMW 2800
Limousine 4 Türen
1973–1974

BMW 3,0 S
BMW 3,0 Si
Limousine 4 Türen
1971–1977

BMW 2,8 L
BMW 3,0 L
Limousine 4 Türen
1975–1977

BMW 3,3 L
Limousine 4 Türen
1974–1976

BMW 3,3 Li
Limousine 4 Türen
1976–1977

	BMW 2500 1968–1977	BMW 2800 1968–1974	BMW 2,8 L 1975–1977
Motor			
Zylinderzahl	Vergasermotor 6 (Reihe). Block um 30° rechts seitlich geneigt	Vergasermotor 6 (Reihe). Block um 30° rechts seitlich geneigt	
Bohrung x Hub	86 x 71,6 mm	86 x 80 mm	
Hubraum	2494 ccm	2788 ccm	
Leistung	150 PS (110 kW) b. 6000 U/min	170 PS (125 kW) b. 6000 U/min	
Drehmoment	21,5 mkg bei 3700 U/min	23,8 mkg bei 3700 U/min	
Verdichtung	1:9,0	1:9,0	
Vergaser bzw. Einspritzung	2 Fallstrom-Registervergaser Zenith 35/40 bzw. (ab Sept. 1973) 32/40 INAT mit Startautomatik	2 Fallstrom-Registervergaser Zenith 35/40 INAT mit Startautomatik	
Ventile	V-förmig hängend. Obenliegende Nockenwelle, Antrieb durch Duplexkette		
Kurbelwellenlager	7		
Kühlung	Pumpe, 12 Liter Wasser		
Schmierung	Druckumlauf, 6 Liter Öl		
Batterie	12 V 55 Ah (im Motorraum)		
Lichtmaschine	Drehstrom 500 W bzw. (ab März 1970) 630 oder 770 W		
Kraftübertragung	Antrieb auf Hinterräder. Geteilte Kardanwelle		
Kupplung	Einscheibentrockenkupplung		
Schaltung	Schaltstock Wagenmitte		
Getriebe	4 Gang		
Synchronisierung	I – IV		
Übersetzungen	Bis April 1971: I. 3,85, II. 2,08, III. 1,375, IV. 1,00 Ab April 1971: I. 3,855, II. 2,202, III. 1,401, IV. 1,00 Auf Wunsch: ZF Automatic Hydraulischer Wandler + 3 Gang-Planetengetriebe. Wählhebel Wagenmitte I. 2,56, II. 1,52, III. 1,00. Wandler 1,94-fach		
Antriebs-Übersetzung	3,64	3,45	3,64
Fahrwerk	Selbsttragende Ganzstahlkarosserie		
Vorderradaufhängung	McPherson-Federbeine, Schraubenfedern, Gummi-Zusatzfedern Auf Wunsch bzw. (ab 1971) Serie: Drehstab-Stabilisator		
Hinterradaufhängung	Schräglenker, Federbeine, Schraubenfedern, Gummi-Zusatzfedern Bis 1971 auf Wunsch bzw. (bei BMW 2800) Serie: Boge Nivomat + Stabilisator		
Lenkung	ZF Gemmer Schnecke 22,5:1, 4,5 Lenkraddrehungen Auf Wunsch: 18,05:1 + Servohilfe, 4 Lenkraddrehungen		
Fußbremse	Doppel-Zweikreis-Hydraulik, Servohilfe Scheibenbremsen vorn und hinten 272 mm ∅		
Allgemeine Daten			
Radstand	2692 mm	2692 mm	2792 mm
Spur vorn/hinten	1446/1464 mm	1446/1464 mm	1480/1486 mm
Gesamtmaße	4700 x 1750 x 1450 mm	4700 x 1750 x 1450 mm	4800 x 1750 x 1450 mm
Felgen	6 J x 14 H 2	6 J x 14 H 2	6 J x 14 H 2
Reifen	175 HR 14	195/70 HR 14	195/70 HR 14
Wendekreis links/rechts	11,0/11,2 Meter	11,0/11,2 Meter	11,2/11,4 Meter
Wagengewicht	1360 kg Automatic + 20 kg	1360 kg Automatic + 20 kg	1440 kg Automatic + 20 kg
Zuläss. Gesamtgewicht	1830 kg	1830 kg	1900 kg
Höchstgeschwindigkeit	190 km/h	200 km/h	195 km/h
Beschleunigung 0–100 km/h	11 sec	10 sec	10 sec
Verbrauch/100 km	16 Liter Super	16,5 Liter Super	16,5 Liter Super
Kraftstofftank	75 Liter (im Heck)	75 Liter (im Heck)	75 Liter (im Heck)

BMW 3,0 S 1971 – 1977	BMW 3,0 L 1975 – 1977	BMW 3,0 Si 1971 – 1977	BMW 3,3 L 1974–1976	BMW 3,3 Li 1976 – 1977
Vergasermotor		Einspritzmotor	Vergasermotor	Einspritzmotor
6 (Reihe). Block um 30° rechts seitlich geneigt		6 (Reihe). Block um 30° rechts seitlich geneigt	6 (Reihe). Block um 30° rechts seitlich geneigt	6 (Reihe). Block um 30° rechts seitlich geneigt
89 x 80 mm		89 x 80 mm	89 x 88,4 mm	89 x 86 mm
2985 ccm		2985 ccm	3295 ccm	3205 ccm
180 PS (132 kW) b. 6000 U/min		200 PS (147 kW) b. 5500 U/min bzw. (ab Sept. 1976) 195 PS (143 kW) b. 5500 U/min	190 PS (140 kW) bei 5500 U/min	197 PS (145 kW) b. 5500 U/min
26,0 mkg bei 3700 U/min		27,7 mkg bei 4300 U/min bzw. (ab Sept. 1976) 27,2 mkg bei 4300 U/min	29,5 mkg bei 3500 U/min	28,5 mkg bei 4300 U/min
1 : 9,0		1 : 9,5 bzw. (ab Sept. 1976) 1 : 9,0	1 : 9,0	1 : 9,0
2 Register-Fallstromvergaser Zenith 35/40 INAT mit Startautomatik		Elektronisch gesteuerte Benzineinspritzung Bosch »D-Jetronic« bzw. (ab Sept. 1976) Bosch »L-Jetronic«	2 Register-Fallstromvergaser Zenith 35/40 INAT mit Startautomatik	Elektronisch gesteuerte Benzineinspritzung Bosch »L-Jetronic«
V-förmig hängend. Obenliegende Nockenwelle, Antrieb durch Duplexkette				
7				
Pumpe, 12 Liter Wasser				
Druckumlauf, 6 Liter Öl				
12 V 55 Ah (im Motorraum)				
Drehstrom 630 oder 770 W				
Antrieb auf Hinterräder. Geteilte Kardanwelle				
Einscheibentrockenkupplung				
Schaltstock Wagenmitte				
4 Gang				
I – IV				
I. 3,855, II. 2,202, III. 1,401, IV. 1,00				
Auf Wunsch: Borg-Warner Automatic				
Hydraulischer Wandler + 3 Gang-Planetengetriebe. Wählhebel Wagenmitte				
I. 2,39, II. 1,45, III. 1,00, Wandler 2-fach				
3,45				
Selbsttragende Ganzstahlkarosserie				
McPherson-Federbeine, Schraubenfedern, Gummi-Zusatzfedern				
Drehstab-Stabilisator				
Schräglenker, Federbeine, Schraubenfedern, Gummi-Zusatzfedern				
ZF-Gemmer Schnecke 18,5 : 1 + Servohilfe, 4 Lenkraddrehungen				
Doppel-Zweikreis-Hydraulik, Servohilfe				
Scheibenbremsen vorn und hinten 272 mm ∅				
2692 mm	2792 mm	2692 mm	2792 mm	
1446/1464 mm	1480/1486 mm	1446/1464 mm	1480/1486 mm	
4700 x 1750 x 1450 mm	4800 x 1750 x 1450 mm	4700 x 1750 x 1450 mm	4800 x 1750 x 1450 mm	
6 J x 14 H 2	6 J x 14 H 2	6 J x 14 H 2	6 J x 14 H 2 (Alu)	
195/70 HR 14	195/70 HR 14	195/70 VR 14	195/70 VR 14	
11,0/11,2 Meter	11,2/11,4 Meter	11,0/11,2 Meter	11,2/11,4 Meter	
1420 kg	1470 kg	1440 kg	1520 kg	
Automatic + 20 kg	Automatic + 20 kg	Automatic + 20 kg	Automatic + 20 kg	
1800 kg	1900 kg	1880 kg	1980 kg	
205 km/h	200 km/h	210 km/h	205 km/h	
9 sec	9,5 sec	8,5 sec	9 sec	
17,5 Liter Super	17,5 Liter Super	17,5 Liter Super	17,5 Liter Super	
75 Litor (im Heck)	75 Liter (im Heck)	75 Liter (im Heck)	75 Liter (im Heck)	

<table>
<tr><th></th><th>BMW 2,5 CS
1974–1975</th><th>BMW 2800 CS
1968–1971</th></tr>
<tr><td>Motor</td><td>Vergasermotor</td><td>Vergasermotor</td></tr>
<tr><td>Zylinderzahl</td><td>6 (Reihe). Block um 30°
rechts seitlich geneigt</td><td>6 (Reihe). Block um 30°
rechts seitlich geneigt</td></tr>
<tr><td>Bohrung x Hub</td><td>86 x 71,6 mm</td><td>86 x 80 mm</td></tr>
<tr><td>Hubraum</td><td>2494 ccm</td><td>2788 ccm</td></tr>
<tr><td>Leistung</td><td>150 PS (110 kW) b. 6000 U/min</td><td>170 PS (125 kW) b. 6000 U/min</td></tr>
<tr><td>Drehmoment</td><td>21,5 mkg bei 3700 U/min</td><td>23,8 mkg bei 3700 U/min</td></tr>
<tr><td>Verdichtung</td><td>1:9,0</td><td>1:9,0</td></tr>
<tr><td>Vergaser
bzw. Einspritzung</td><td>2 Fallstrom-Registervergaser
Zenith 32/40 INAT
mit Startautomatik</td><td>2 Fallstrom-Registervergaser
Zenith 35/40 INAT
mit Startautomatik</td></tr>
<tr><td>Ventile</td><td>V-förmig hängend
Obenliegende Nockenwelle
Antrieb durch Duplexkette</td><td>V-förmig hängend
Obenliegende Nockenwelle
Antrieb durch Duplexkette</td></tr>
<tr><td>Kurbelwellenlager</td><td>7</td><td>7</td></tr>
<tr><td>Kühlung</td><td>Pumpe, 12 Liter Wasser</td><td>Pumpe, 12 Liter Wasser</td></tr>
<tr><td>Schmierung</td><td>Druckumlauf, 6 Liter Öl</td><td>Druckumlauf, 6 Liter Öl</td></tr>
<tr><td>Batterie</td><td>12 V 55 Ah (im Motorraum)</td><td>12 V 55 Ah (im Motorraum)</td></tr>
<tr><td>Lichtmaschine</td><td>Drehstrom 630 W</td><td>Drehstrom 500 bzw. (ab März 1970) 630 W</td></tr>
<tr><td>Kraftübertragung</td><td colspan="2">Antrieb auf Hinterräder. Geteilte Kardanwelle</td></tr>
<tr><td>Kupplung</td><td colspan="2">Einscheibentrockenkupplung</td></tr>
<tr><td>Schaltung</td><td colspan="2">Schaltstock Wagenmitte</td></tr>
<tr><td>Getriebe</td><td colspan="2">4 Gang</td></tr>
<tr><td>Synchronisierung</td><td colspan="2">I–IV</td></tr>
<tr><td>Übersetzungen</td><td>I. 3,855, II. 2,202, III. 1,401, IV. 1,00</td><td>I. 3,85, II. 2,08, III. 1,375, IV. 1,00</td></tr>
<tr><td></td><td colspan="2">Auf Wunsch: ZF Automatic
Hydraulischer Wandler + 3 Gang-Planetengetriebe
Wählhebel Wagenmitte
I. 2,56, II. 1,52, III. 1,00, Wandler 1,94 fach</td></tr>
<tr><td>Antriebs-Übersetzung</td><td>3,64</td><td>3,45</td></tr>
<tr><td>Fahrwerk</td><td colspan="2">Selbsttragende Ganzstahlkarosserie</td></tr>
<tr><td>Vorderradaufhängung</td><td colspan="2">McPherson-Federbeine, Schraubenfedern, Drehstab-Stabilisator</td></tr>
<tr><td>Hinterradaufhängung</td><td colspan="2">Schräglenker, Federbeine, Schraubenfedern</td></tr>
<tr><td></td><td></td><td>Drehstab-Stabilisator</td></tr>
<tr><td>Lenkung</td><td>ZF-Gemmer Schnecke 22,5:1
4,5 Lenkraddrehungen
Auf Wunsch: 18,05:1 + Servohilfe
4 Lenkraddrehungen</td><td>ZF-Gemmer Schnecke 18,05:1 + Servohilfe
4 Lenkraddrehungen</td></tr>
<tr><td>Fußbremse</td><td>Doppel-Zweikreis-Hydraulik, Servohilfe
Scheibenbremsen vorn und hinten 272 mm ∅</td><td>Doppel-Zweikreis-Hydraulik, Servohilfe
Scheibenbremsen vorn 272 mm ∅
Trommelbremsen hinten 250 mm ∅</td></tr>
<tr><td>Allgemeine Daten</td><td></td><td></td></tr>
<tr><td>Radstand</td><td>2625 mm</td><td>2625 mm</td></tr>
<tr><td>Spur vorn/hinten</td><td>1446/1398 mm</td><td>1446/1402 mm</td></tr>
<tr><td>Gesamtmaße</td><td>4660 x 1670 x 1370 mm</td><td>4660 x 1670 x 1370 mm</td></tr>
<tr><td>Felgen</td><td>6 J x 14 H 2 (Stahl)</td><td>6 J x 14 H 2 (Stahl)</td></tr>
<tr><td>Reifen</td><td>175 HR 14</td><td>195/70 HR 14</td></tr>
<tr><td>Wendekreis links/rechts</td><td>10,6/10,8 Meter</td><td>10,6/10,8 Meter</td></tr>
<tr><td>Wagengewicht</td><td>1400, Automatic 1420 kg</td><td>1355, Automatic 1375 kg</td></tr>
<tr><td>Zuläss. Gesamtgewicht</td><td>1770 kg</td><td>1770 kg</td></tr>
<tr><td>Höchstgeschwindigkeit</td><td>201 km/h</td><td>206 km/h</td></tr>
<tr><td>Beschleunigung 0–100 km/h</td><td>10,5 sec</td><td>10 sec</td></tr>
<tr><td>Verbrauch/100 km</td><td>16 Liter Super</td><td>16,5 Liter Super</td></tr>
<tr><td>Kraftstofftank</td><td>70 Liter (im Heck)</td><td>70 Liter (im Heck)</td></tr>
</table>

BMW 3,0 CS 1971–1975 BMW 3,0 CSL 1971–1972	BMW 3,0 CSi 1971–1975	BMW 3,0 CSi 1972–1973	BMW 3,0 CSL 1973–1975
Vergasermotor	Einspritzmotor	Einspritzmotor	Einspritzmotor
6 (Reihe). Block um 30° rechts seitlich geneigt	6 (Reihe). Block um 30° rechts seitlich geneigt	6 (Reihe). Block um 30° rechts seitlich geneigt	6 (Reihe). Block um 30° rechts seitlich geneigt
89 x 80 mm	89 x 80 mm	89,25 x 80 mm	89,25 x 84 mm
2985 ccm	2985 ccm	3003 ccm	3153 ccm
180 PS (132 kW) b. 6000 U/min	200 PS (147 kW) b. 5500 U/min	200 PS (147 kW) b. 5500 U/min	206 PS (149 kW) b. 5600 U/min
26,0 mkg bei 3700 U/min	27,7 mkg bei 4300 U/min	27,7 mkg bei 4300 U/min	29,2 mkg bei 4200 U/min
1:9,0	1:9,5	1:9,5	1:9,5
2 Register-Fallstromvergaser Zenith 35/40 INAT mit Startautomatik	Elektronisch gesteuerte Benzineinspritzung Bosch	Elektronisch gesteuerte Benzineinspritzung Bosch	Elektronisch gesteuerte Benzineinspritzung Bosch
V-förmig hängend	V-förmig hängend	V-förmig hängend	V-förmig hängend
Obenliegende Nockenwelle Antrieb durch Duplexkette	Obenliegende Nockenwelle Antrieb durch Duplexkette	Obenliegende Nockenwelle Antrieb durch Duplexkette	Obenliegende Nockenwelle Antrieb durch Duplexkette
7	7	7	7
Pumpe, 12 Liter Wasser	Pumpe, 12 Liter Wasser	Pumpe, 12 Liter Wasser	Pumpe, 12 Liter Wasser
Druckumlauf, 6 Liter Öl	Druckumlauf, 6 Liter Öl	Druckumlauf, 6 Liter Öl	Druckumlauf, 6 Liter Öl
12 V 55 Ah (im Motorraum)	12 V 55 Ah (im Motorraum)	12 V 55 Ah (im Motorraum)	12 V 55 Ah (im Motorraum)
Drehstrom 630 oder 770 W	Drehstrom 770 W	Drehstrom 770 W	Drehstrom 770 W
Antrieb auf Hinterräder. Geteilte Kardanwelle			
Einscheibentrockenkupplung			
Schaltstock Wagenmitte			
4 Gang			
I–IV			
I. 3,855, II. 2,202, III. 1,401, IV. 1,00			
Auf Wunsch: Borg-Warner Automatic Hydraulischer Wandler + 3 Gang-Planetengetriebe Wählhebel Wagenmitte I. 2,39, II. 1,45, III. 1,00, Wandler 2fach			
3,45	3,25	3,25	3,25
Selbsttragende Ganzstahlkarosserie			
McPherson-Federbeine, Schraubenfedern, Drehstab-Stabilisator			
Schräglenker, Federbeine, Schraubenfedern Drehstab-Stabilisator			
ZF-Gemmer Schnecke 18,05:1 + Servohilfe 4 Lenkraddrehungen		ZF-Gemmer Schnecke 22,5:1 4,5 Lenkraddrehungen Auf Wunsch: 18,05:1 + Servohilfe 4 Lenkraddrehungen	
Doppel-Zweikreis-Hydraulik, Servohilfe Scheibenbremsen vorn und hinten 272 mm ∅		Doppel-Zweikreis-Hydraulik, Servohilfe Scheibenbremsen vorn und hinten 272 mm ∅	
2625 mm	2625 mm	2625 mm	2625 mm
1446/1402 mm	1446/1402 mm	1426/1422 mm	1470/1426 mm
4660 x 1670 x 1370 mm	4660 x 1670 x 1370 mm	4630 x 1730 x 1370 mm	4630 x 1730 x 1370 mm
CS: 6 J x 14 H 2 (Alu) CSL: 7 J x 14 H 2 (Alu)	6 J x 14 H 2 (Alu)	7 J x 14 H 2 (Alu)	7 J x 14 H 2 (Alu)
195/70 VR 14	195/70 VR 14	195/70 VR 14	195/70 VR 14
10,6/10,8 Meter	10,6/10,8 Meter	10,6/10,8 Meter	10,6/10,8 Meter
CS: 1400, Automatic 1420 kg CSL: 1200 kg	1400, Automatic 1420 kg	1270 kg	1270 kg
CS 1750, CSL 1650 kg	1750 kg	1730 kg	1730 kg
CS 213, CSL 215 km/h	220 km/h	220 km/h	220 km/h
CS 9, CSL 8 sec	8 sec	7,5 sec	7,5 sec
17,5 Liter Super	17,5 Liter Super	17,5 Liter Super	17,5 Liter Super
70 Liter (im Heck)	70 Liter (im Heck)	70 Liter (im Heck)	70 Liter (im Heck)

BMW 2800 CS
Coupé 4 Sitze
1968–1971

BMW 3,0 CS
BMW 3,0 CSi
Coupé 4 Sitze
1971–1975

Bild unten links:
BMW 3,0 CSL
Coupé 4 Sitze
1971–1975

Bild unten rechts:
BMW 2,5 CS
Coupé 4 Sitze
1974–1975

Farbbeilage: Münchener BMW Automobile von 1952 bis heute

BMW 502
2,6 oder 3,2 Liter V 8
Limousine 4 Türen
1955–1961

BMW 503
3,2 Liter V 8
Cabriolet 2/2 Sitze
1956–1959

BMW 507 Touring Sport
3,2 Liter V 8
Roadster 2 Sitze
1956–1959

BMW Isetta
250 oder 300 ccm
Moto-Coupé 2 Sitze
1957–1962

BMW 600
2 Zylinder 600 ccm
Limousine 4 Sitze
1957–1959

BMW 700
2 Zylinder 700 ccm
Coupé 2 (2) Sitze
1959–1964

BMW 1800
4 Zylinder, 1,8 Liter
Limousine 4 Türen
1963–1968

BMW 2000 CS
4 Zylinder, 2 Liter
Coupé 2/2 Sitze
1965–1969

BMW 2002 Limousine 2 Türen 1968–1971

BMW 2002 Cabriolet 2/2 Sitze mit Überrollbügel, 1971–1973

BMW 2000 Touring Kombilimousine 2 Türen 1971–1973 als Einsatzleitwagen der Feuerwehr

BMW 2800
6 Zylinder, 2,8 Liter
Limousine 4 Türen
1968–1973

BMW Turbo
Coupé mit Flügeltüren
Motor vor Hinterachse
4 Zylinder, 2 Liter
mit Abgas-Turbolader
Prototyp 1972

BMW 3er Reihe
Limousine 2 Türen
ab 1975

BMW 5er Reihe
Limousine 4 Türen
ab 1972

**BMW 7er Reihe
Limousine 4 Türen
ab 1977**

BMW Turbo (Prototyp 1972)

Als Stylingstudie und rollendes Versuchslabor präsentierte BMW im August 1972 dem staunenden Publikum das Mittelmotor- und Flügeltüren-Coupé »Turbo«. Dessen neuartige Sicherheitsmerkmale sollten künftigen Entwicklungen vorgreifen. Zu seinen Besonderheiten zählten beispielsweise progressive, selbst regenerierbare Knautschzonen, die spektral abgestufte Leuchtfarbe hoher Warnwirksamkeit, die Gummileisten rundum, der extrem niedrige Schwerpunkt, die Sicherheitslenkung oder das Radar-Abstands-Warngerät. Quer vor der Hinterachse war ein BMW 2002-Motor eingebaut, der mittels Abgas-Turbolader auf 200 PS kam. Sein attraktives Aussehen verdankte das Auto dem Franzosen Paul Bracq, damals Chefstylist bei BMW. 1973 ließ das Werk ein zweites, in manchen Einzelheiten weiterentwickeltes Exemplar des Turbo bei Michelotti bauen, doch dabei ist es dann geblieben. Hier noch einige Daten: Radstand 2400 mm, Spur 1550/1530 mm, Gesamtmaße 4155 × 1880 × 1100 mm, Reifen 4,75/11,2–14, Gewicht 980 kg, Höchstgeschwindigkeit 250 km/h, Beschleunigung 0–100 km/h in 7 Sekunden.

	BMW 316 ab 1975	BMW 318 ab 1975	BMW 320 1975 – 1977	BMW 320 i 1975 – 1977
Motor	Vergasermotor	Vergasermotor	Vergasermotor	Einspritzmotor
Zylinderzahl	4 (Reihe). Block um 30° rechts seitlich geneigt	4 (Reihe). Block um 30° rechts seitlich geneigt	4 (Reihe). Block um 30° rechts seitlich geneigt	4 (Reihe). Block um 30° rechts seitlich geneigt
Bohrung x Hub	84 x 71 mm	89 x 71 mm	89 x 80 mm	89 x 80 mm
Hubraum	1563 ccm	1754 ccm	1977 ccm	1977 ccm
Leistung	90 PS (66 kW) b. 6000 U/min	98 PS (72 kW) b. 5800 U/min	109 PS (80 kW) b. 5800 U/min	125 PS (92 kW) b. 5700 U/min
Drehmoment	12,5 mkg bei 4000 U/min	14,5 mkg bei 4000 U/min	16,0 mkg bei 3700 U/min	17,5 mkg bei 4350 U/min
Verdichtung	1 : 8,3	1 : 8,3	1 : 8,1	1 : 9,3
Vergaser bzw. Einspritzung	1 Fallstrom-Registervergaser Solex 32/32 DIDTA mit Startautomatik	1 Fallstrom-Registervergaser Solex 32/32 DIDTA mit Startautomatik	1 Fallstrom-Registervergaser Solex 32/32 DIDTA mit Startautomatik	Antriebslose kontinuierliche Saugrohr-Benzineinspritzung Bosch »K-Jetronic«
Ventile	V-förmig hängend Obenliegende Nockenwelle Antrieb durch Duplexkette	V-förmig hängend Obenliegende Nockenwelle Antrieb durch Duplexkette	V-förmig hängend Obenliegende Nockenwelle Antrieb durch Duplexkette	V-förmig hängend Obenliegende Nockenwelle Antrieb durch Duplexkette
Kurbelwellenlager	5	5	5	5
Kühlung	Pumpe 7 Liter Wasser	Pumpe, 7 Liter Wasser	Pumpe, 7 Liter Wasser	Pumpe, 7 Liter Wasser
Schmierung	Druckumlauf, 4,25 Liter Öl	Druckumlauf, 4,25 Liter Öl	Druckumlauf, 4,25 Liter Öl	Druckumlauf, 4,25 Liter Öl
Batterie	12 V 36 Ah (im Motorraum)	12 V 36 Ah (im Motorraum)	12 V 36 Ah (im Motorraum)	12 V 44 Ah (im Motorraum)
Lichtmaschine	Drehstrom 630 W	Drehstrom 630 W	Drehstrom 630 W	Drehstrom 770 W
Kraftübertragung	Antrieb auf Hinterräder. Geteilte Kardanwelle			
Kupplung	Einscheibentrockenkupplung			
Schaltung	Schaltstock Wagenmitte			
Getriebe	4 Gang			
Synchronisierung	I – IV			
Übersetzungen	I. 3,764, II. 2,022, III. 1,320, IV. 1,00			
		Auf Wunsch: Automatic ZF HP 22 Hydraulischer Wandler + 3 Gang-Planetengetriebe Wählhebel Wagenmitte I. 2,478, II. 1,478, III. 1,00 Wandler 2-fach		
Antriebs-Übersetzung	4,10	3,90		3,64
Fahrwerk	Selbsttragende Ganzstahlkarosserie			
Vorderradaufhängung	McPherson-Federbeine, Schraubenfedern, Gummi-Zusatzfedern, Stabilisator			
Hinterradaufhängung	Schräglenker Federbeine, Schraubenfedern, Gummi-Zusatzfedern Auf Wunsch: Stabilisator	Schräglenker Federbeine, Schraubenfedern, Gummi-Zusatzfedern Auf Wunsch (bzw. März bis Aug. 1976 Serie): Stabilisator	Schräglenker Federbeine, Schraubenfedern Gummi-Zusatzfedern Auf Wunsch bzw. (ab März 1976) Serie: Stabilisator	Schräglenker Federbeine, Schraubenfedern Gummi-Zusatzfedern Stabilisator
Lenkung	ZF Zahnstange 19,0 : 1,4 Lenkraddrehungen			
Fußbremse	Zweikreis-Hydraulik, Servohilfe Scheibenbremsen vorn 255 mm ∅ Trommelbremsen hinten 250 mm ∅			
Allgemeine Daten				
Radstand	2563 mm	2563 mm	2563 mm	2563 mm
Spur vorn/hinten	1364/1377 mm	1364/1377 mm	1364/1377 mm	1386/1399 mm
Gesamtmaße	4355 × 1610 × 1380 mm	4355 x 1610 x 1380 mm	4355 x 1610 x 1380 mm	4355 x 1610 x 1380 mm
Felgen	5 J × 13	5 J x 13	5 J x 13	5 1/2 J x 13
Reifen	165 SR 13	165 SR 13	165 SR 13	185/70 HR 13
Wendekreis links/rechts	10,4/10,8 Meter	10,4/10,8 Meter	10,4/10,8 Meter	10,4/10,8 Meter
Wagengewicht	1040 kg	1040 kg, Automatic + 20 kg	1060 kg, Automatic + 20 kg	1080 kg
Zuläss. Gesamtgewicht	1420 kg	1420 kg	1440 kg	1460 kg
Höchstgeschwindigkeit	161 km/h	168 km/h	173 km/h	182 km/h
Beschleunigung 0–100 km/h	14 sec	12 sec	11,5 sec	10 sec
Verbrauch/100 km	11,5 Liter	12, Automatic 12,5 Liter	12,5, Automatic 13 Liter	13 Liter Super
Kraftstofftank	52, ab Sept. 1977: 58 Liter (unter Rücksitz)	52, ab Sept. 1977: 58 Liter (unter Rücksitz)	32 Liter (unter Rücksitz)	32 Liter (unter Rücksitz)

BMW 320 ab 1977	BMW 323 i ab 1977
Vergasermotor	Einspritzmotor
6 (Reihe). Block um 30° rechts seitlich geneigt	6 (Reihe). Block um 30° rechts seitlich geneigt
80 x 66 mm	80 x 76,8 mm
1990 ccm	2315 ccm
122 PS (90 kW) b. 6000 U/min	143 PS (105 kW) b. 6000 U/min
16,3 mkg bei 4000 U/min	19,4 mkg bei 4500 U/min
1 : 9,2	1 : 9,5
1 Fallstrom-Registervergaser Solex 4 A 1 mit Startautomatik	Antriebslose kontinuierliche Saugrohr-Benzineinspritzung Bosch »K-Jetronic«
V-förmig hängend	V-förmig hängend
Obenliegende Nockenwelle Antrieb durch Zahnriemen	Obenliegende Nockenwelle Antrieb durch Zahnriemen
7	7
Pumpe, ;2 Liter Wasser	Pumpe, 12 Liter Wasser
Druckumlauf, 4,75 Liter Öl	Druckumlauf, 4,75 Liter Öl
12 V 44 Ah (im Motorraum)	12 V 55 Ah (im Motorraum)
Drehstrom 910 W	Drehstrom 910 W
	Kontaktlose Transistorzündung
Antrieb auf Hinterräder. Geteilte Kardanwelle	
Einscheibentrockenkupplung	
Schaltstock Wagenmitte	
4 Gang	
I – IV	
I. 3,764, II. 2,022, III. 1,320, IV. 1,00	
Auf Wunsch: Automatic ZF HP 22 Hydraulischer Wandler + 3 Gang-Planetengetriebe Wählhebel Wagenmitte I. 2,478, II. 1,478, III. 1,00 Wandler 2-fach	
3,64	3,45
Selbsttragende Ganzstahlkarosserie	
McPherson-Federbeine Schraubenfedern Gummi-Zusatzfedern, Stabilisator	
Schräglenker Federbeine, Schraubenfedern Gummi-Zusatzfedern Stabilisator	
ZF Zahnstange 19,0 : 1. Auf Wunsch: Servohilfe	
Zweikreis-Hydraulik, Servohilfe	Zweikreis-Hydraulik, Servohilfe
Scheibenbremsen vorn 255 ∅	Scheibenbremsen vorn 255 ∅
Trommelbremsen hinten 250 ∅	Scheibenbremsen hinten
2563 mm	2563 mm
1386/1399 mm	1386/1399 mm
4355 x 1610 x 1380 mm	4355 x 1610 x 1380 mm
5 1/2 J x 13	5 1/2 J x 13
185/70 HR 13	185/70 HR 13
10,4/10,8 Meter	10,4/10,8 Meter
1180 kg	1150 kg, Automatic + 20 kg
1570 kg	1550 kg
192 km/h	183 km/h
9,5 sec	10,5 sec
13,5 Liter Super	13, Automatic 13,5 l Super
58 Liter (unter Rücksitz)	58 Liter (unter Rücksitz)

BMW 3er-Reihe (ab 1975)

Der 02-Modellreihe ließ BMW im Juli 1975 (Produktionsbeginn 2. Mai 1975) die 3er-Reihe folgen. Sie brachte eine wesentlich elegantere, im Rücksitzraum etwas geräumigere Zweitüren-Karosserie sowie auf Normalkraftstoff umgestellte Vergasermotoren mit trotzdem noch höherer Leistung bei allerdings verminderter Elastizität. Die stilistisch der 5er-Reihe angeglichenen Limousinen sehen ansprechend aus. Sie gewannen gegenüber den Vorgängern an Stattlichkeit und Prestige, erkauft freilich durch für diese Größenklasse enorm hohe Preise. Doch werden diese dem Markenruf und der Sportlichkeit zuliebe von einem großen Kreis offenbar wohlhabender Kunden akzeptiert.

Äußerlich sind die verschiedenen 3er-Limousinen fast identisch, jedoch besitzen der 316 (drei-sechzehn) und der 318 (drei-achtzehn) einfache, der 320 (drei-zwanzig), der 320 i und der 323 i Doppel-Scheinwerfer. Die ursprünglichen Ausführungen des 320 und 320 i mit Vierzylinder-Motoren wurden ab September 1977 durch den 320 und 323 i mit Sechszylinder-Motoren ersetzt. Mit diesen neuen Triebwerken, die sich durch moderne Konstruktion, geringes Gewicht, hohe Leistung, Drehfreudigkeit und vorbildliche Laufkultur auszeichnen, bewies BMW erneut die Fähigkeit, mit die feinsten Automobilmotoren der Welt zu liefern.

Seit Ende 1977 baut die Karosseriefabrik Baur (Stuttgart) BMW 3er-Limousinen in sogenannte Hardtop-Cabriolets um. Diese besitzen zwischen Frontscheibe und Überrollbügel ein herausnehmbares Dachteil aus Kunststoff sowie über dem Rücksitz ein Faltverdeck. Die festen Seitenteile lassen freilich nicht mehr jenes erhebende Cabriolet-Gefühl aufkommen, das es nur beim Fahren mit ganz offenem Wagen gibt. Im übrigen kostet das Hardtop-Cabriolet von Baur über 6000 DM mehr als die entsprechende Limousine.

Preise	BMW 316	BMW 318	BMW 320	BMW 320 i
Aug. 1975	DM 13 980,–	DM 14 850,–	DM 15 880,–	DM 17 980,–
Mai 1976	DM 14 580,–	DM 15 460,–	DM 16 580,–	DM 18 630,–
März 1977	DM 14 980,–	DM 15 980,–	DM 17 280,–	DM 19 380,–
			BMW 320 (6 Zyl.)	**BMW 323 i (6 Zyl.)**
Aug. 1977	DM 14 980,–	DM 15 980,–	DM 17 980,–	DM 20 350,–
Jan. 1978	DM 15 115,–	DM 16 125,–	DM 18 145,–	DM 20 535,–
Mai 1978	DM 15 680,–	DM 16 700,–	DM 18 950,–	DM 21 450,–
Automatic				
Aug. 1975	–	+ DM 1 350,–	+ DM 1 350,–	–
Jan. 1978	–	+ DM 1 365,–	+ DM 1 365,–	–
Mai 1978	–	+ DM 1 420,–	+ DM 1 410,–	–

Produktion	BMW 316	BMW 318	BMW 320	BMW 320 (6 Zyl.)	BMW 323 (6 Zyl.)
1975	10629	10446	22274	–	–
1976	42166	14618	74037	–	–
1977	52833	20369	75113	18389	37

BMW 316
BMW 318
Limousine 2 Türen
(Einfach-Scheinwerfer)
ab 1975

BMW 320
BMW 320 i
Limousine 2 Türen
(Doppel-Scheinwerfer)
1975–1977

BMW 320
BMW 323 i
Limousine 2 Türen
(Doppel-Scheinwerfer)
ab 1977

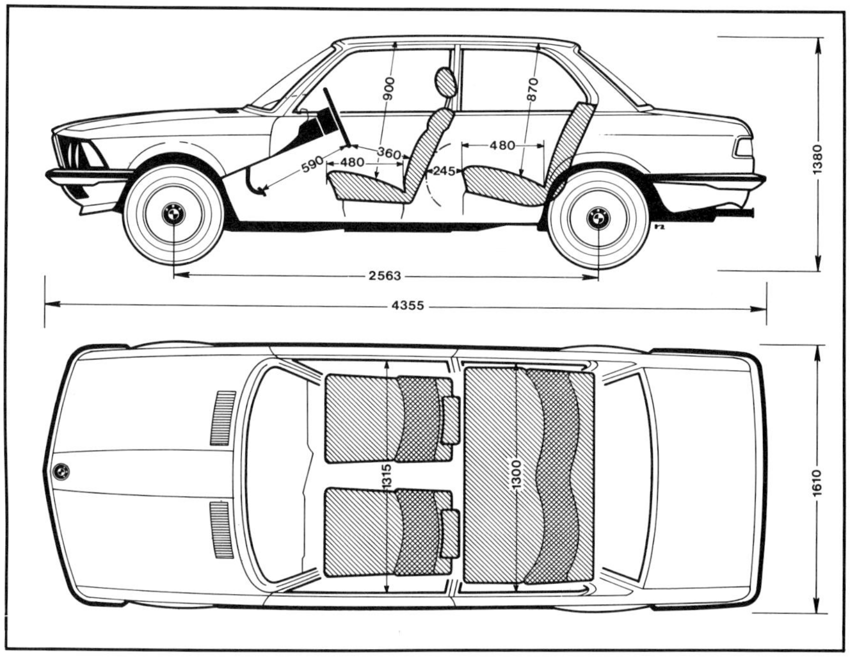

BMW 3er-Reihe
Innen- und Außenmaße

BMW 3er-Reihe
Schnittbild

BMW 316
BMW 318
BMW 320
BMW 323 i
Hardtop-Cabriolet
Karosserie Baur
ab 1977

BMW 5er-Reihe (ab 1972)

Die 5er-Baureihe wurde im September 1972 mit dem BMW 520 (gesprochen: fünf-zwanzig) eröffnet, der den früheren BMW 2000 ablöste. Gegenüber dem Vorgänger blieben Motor, Getriebe und Fahrwerk im wesentlichen gleich, während sich die Karosserie in völlig neuer Gestalt darbot. Der Wagen wirkte voluminöser und stattlicher, aber auch weniger sportlich und spritzig. BMW leitete offenbar einen Stilwandel ein: Man wollte mehr als bisher auf Komfort bedacht sein, dabei aber die »Freude am Fahren« möglichst wenig beeinträchtigen. Dies gelang zwar, doch rutschte halt auch der Preis nach oben.

Preis und Größe des Wagens hatten zur Folge, daß ein beträchtlicher Teil der Kundschaft dem 5er-BMW deutlich höhere Fahrleistungen wünschte. Da bei der Einspritzer-Version 520 i die Mehrleistung in keinem angemessenen Verhältnis zum beträchtlichen Aufpreis stand, gab es ab September 1973 den 525 (sprich: fünf-fünfundzwanzig) mit 2,5 Liter- und ab Februar 1975 den 528 mit 2,8 Liter-Sechszylinder-Motor. Sie wurden beide zu einem durchschlagenden Erfolg, der freilich in der Hauptsache zu Lasten des BMW 520 auf der einen, der großen BMW 2500/2800 auf der anderen Seite ging.

Als Nachfolger des früheren BMW 1800 kam im Juni 1974 der BMW 518 (fünf-achtzehn) mit 1,8 Liter-Motor heraus. Gegenüber dem 520 durfte man sich vom kleineren Motor freilich keine nennenswerten Einsparungen erwarten. Daran änderte sich auch nichts, seit ab September 1975 der 518 auf Normalbenzin umgestellt wurde. Und obwohl diese Ausführung sowieso kaum das einem BMW solcher Preisklasse gemäße Temperament entwickelt, ist sie seit August 1977 auch mit au-

Preise	BMW 518 (4 Zyl.)	BMW 520 (4 Zyl.)	BMW 520 i (4 Zyl.)	BMW 525 (6 Zyl.)	BMW 528 (6 Zyl.)
Sept. 1972	–	DM 14490,–	DM 15670,–	–	–
Febr. 1973	–	DM 14985,–	DM 16500,–	–	–
Sept. 1973	–	DM 15265,–	DM 16780,–	DM 17505,–	–
März 1974	–	DM 15870,–	DM 17480,–	DM 18490,–	–
Juni 1974	DM 14870,–	DM 16390,–	DM 17770,–	DM 19180,–	–
März 1975	DM 15850,–	DM 17240,–	DM 18920,–	DM 20180,–	DM 22530,–
Aug. 1975	DM 16640,–	DM 17840,–	DM 19580,–	DM 20930,–	DM 23360,–
Mai 1976	DM 17260,–	DM 18600,–	DM 20420,–	DM 21820,–	DM 24400,–
März 1977	DM 17980,–	DM 19400,–	DM 21300,–	DM 22800,–	DM 25500,–
		BMW 520 (6 Zyl.)			**BMW 528 i (6 Zyl.)**
Aug. 1977	DM 17980,–	DM 20200,–	–	DM 22800,–	DM 26850,–
Jan. 1978	DM 18145,–	DM 20385,–	–	DM 23005,–	DM 27095,–
Mai 1978	DM 18780,–	DM 21300,–	–	DM 23950,–	DM 27950,–
Automatik					
Sept. 1973	–	+ DM 1350,–	–	+ DM 1550,–	–
Aug. 1977	+ DM 1380,–	+ DM 1380,–	–	+ DM 1580,–	+ DM 1580,–
Mai 1978	+ DM 1440,–	+ DM 1440,–	–	+ DM 1650,–	+ DM 1650,–

Produktion	BMW 518 (4 Zyl.)	BMW 520 (4 Zyl.)	BMW 520 (6 Zyl.)	BMW 525 (6 Zyl.)	BMW 528 (6 Zyl.)	BMW 530 (6 Zyl.)
1972	–	12895	–	–	–	–
1973	–	44862	–	3667	–	–
1974	9848	19660 (+2124)	–	18416 (+1344)	19 (+60)	2000
1975	23784 (+1980)	22178 (+252)	–	15859 (+708)	19885 (+900)	5202
1976	18484 (+2856)	24452 (+1692)	–	17946 (+1848)	13538 (+1008)	7353
1977	19098 (+2508)	17229 (+1248)	5973	18792 (+1104)	12125 (+588)	7648

Zahlen in Klammern (+ . . .) = Produktion in Südafrika

tomatischem Getriebe erhältlich. Verständlicherweise hatte man sich im Werk lange gegen diese offenbar doch von vielen Käufern gewünschte Kombination gesträubt.

Im August 1976 zeigte sich die gesamte 5er-Reihe äußerlich etwas überarbeitet, wobei sich aber der optische Gesamteindruck der Wagen erfreulicherweise nicht auffällig änderte. Man hatte Front- und Heckpartie sowie die Motorhaube etwas modifiziert, größere Heckleuchten und neue Radblenden gehörten dazu, und der Tankdeckel wanderte von der Rückseite in den rechten Hinterkotflügel.

Viel wesentlichere Änderungen, wenn auch äußerlich unsichtbar, brachte der September 1977. Beim 520 wurde (wie beim 320!) der seitherige Vier- durch einen völlig neuen, hochmodernen Sechszylinder-Motor ersetzt, der bei relativ geringem Mehrpreis ein deutliches Plus an Leistung und Fahrkultur brachte. Der 520 i entfiel, wogegen nunmehr statt des 528 ein 528 i mit Einspritzung im Programm steht. Immens teuer, wobei das zusätzliche Leistungspotential gegenüber dem 525 auf der Straße ohne praktischen Nutzen bleibt. Die Wahl zwischen den BMW 520 und 525 gilt in dieser Baureihe weiterhin als die sinnvollste Alternative.

In recht beträchtlicher Zahl, aber nicht für den deutschen Markt, wird der 5er-BMW auch als Dreiliter-Sechszylinder gebaut. Zum Programmm des BMW-Montagewerkes in Südafrika gehört der BMW 530 mit Vergasermotor, während dem USA-Markt der BMW 530 i mit Benzineinspritzung vorbehalten bleibt. Die effektive Leistung beider Ausführungen beträgt 175 PS, wobei das USA-Modell Leistungseinbußen infolge der dortigen Abgasbestimmungen hinnehmen muß.

BMW 518
Limousine 4 Türen
1974–1976

BMW 520
BMW 520 i
Limousine 4 Türen
1972–1976

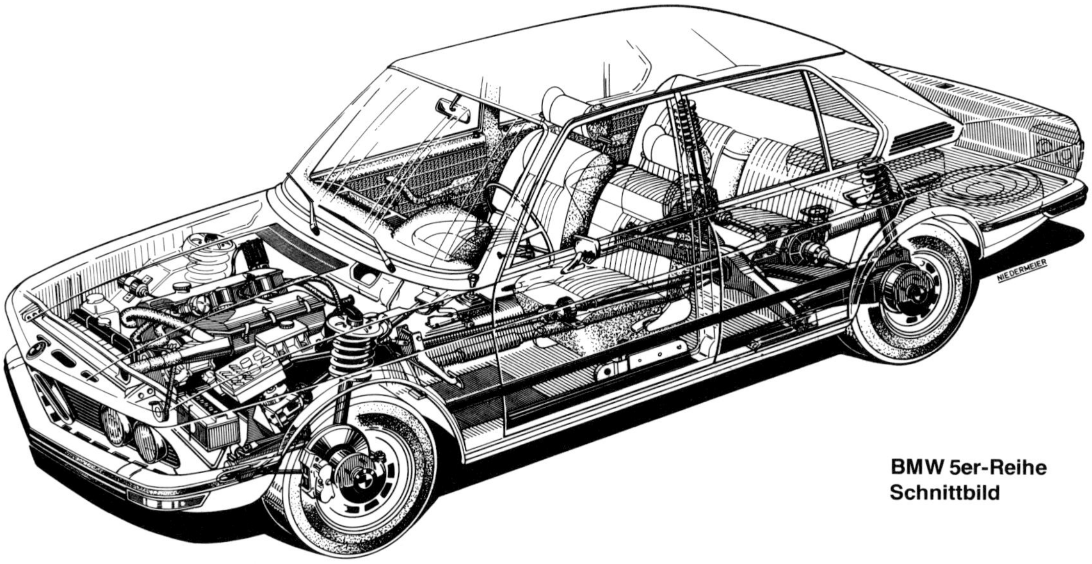

**BMW 5er-Reihe
Schnittbild**

**BMW 5er-Reihe
Innenabmessungen**

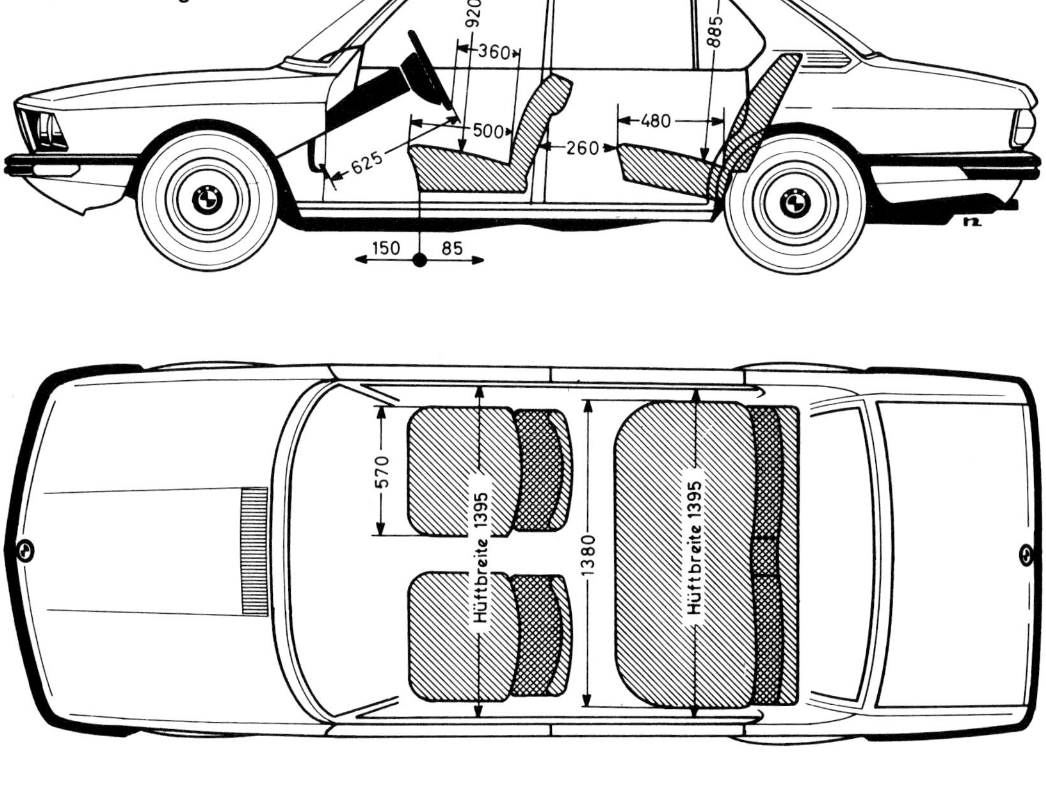

Motor
Zylinderzahl

Bohrung x Hub
Hubraum
Leistung
Drehmoment
Verdichtung
Vergaser
bzw. Einspritzung

Ventile

Kurbelwellenlager
Kühlung
Schmierung
Batterie
Lichtmaschine

Kraftübertragung
Kupplung
Schaltung
Getriebe
Synchronisierung
Übersetzungen

Antriebs-Übersetzung

Fahrwerk
Vorderradaufhängung

Hinterradaufhängung

Lenkung
Fußbremse

Allgemeine Daten
Radstand
Spur vorn/hinten
Gesamtmaße
Felgen
Reifen
Wendekreis links/rechts
Wagengewicht

Zuläss. Gesamtgewicht
Höchstgeschwindigkeit
Beschleunigung 0–100 km/h
Verbrauch/100 km
Kraftstofftank

BMW 518 1974 – 1975	BMW 518 ab 1975	BMW 520 1972 – 1977	BMW 520 i 1972 – 1975	BMW 520 i 1975 – 1977
Vergasermotor		Vergasermotor	Einspritzmotor	
4 (Reihe). Block um 30°		4 (Reihe). Block um 30°	4 (Reihe. Block um 30°	
rechts seitlich geneigt		rechts seitlich geneigt	rechts seitlich geneigt	
89 x 71 mm		89 x 80 mm	89 – 80 mm	
1766 ccm		1990 ccm	1990 ccm	
90 PS (66 kW) b. 5500 U/min	90 PS (66 kW) b. 5500 U/min	115 PS (85 kW) b. 5800 U/min	130 PS (96 kW) b, 5800 U/min	125 PS (92 kW) b. 3700 U/min
14,5 mkg bei 3500 U/min	14,3 mkg bei 3500 U/min	16,5 mkg bei 3700 U/min	18,1 mkg bei 4500 U/min	17,5 mkg bei 4350 U/min
1 : 8,6	1 : 8,3	1 : 9,0	1 : 9,5	1 : 9,3
1 Fallstromvergaser Solex 38 PDSI ohne Startautomatik	1 Fallstrom-Registervergaser Solex 32/32 DIDTA mit Startautomatik	1 Flachstromvergaser Stromberg 175 CDET mit Startautomatik	Mechanische Benzineinspritzung FAG Kugelfischer PL 04	Antriebslose kontinuierliche Saugrohr-Benzineinspritzung Bosch »K-Jetronic«
V-förmig hängend		V-förmig hängend	V-förmig hängend	
Obenliegende Nockenwelle		Obenliegende Nockenwelle	Obenliegende Nockenwelle	
Antrieb durch Duplexkette		Antrieb durch Duplexkette	Antrieb durch Duplexkette	
5		5	5	
Pumpe, 7 Liter Wasser		Pumpe, 7 Liter Wasser	Pumpe, 7 Liter Wasser	
Druckumlauf, 4,25 Liter Öl		Druckumlauf, 4,25 Liter Öl	Druckumlauf, 4,25 Liter Öl	
12 V 36 od. 55 Ah (Motorraum)		12 V 44 od. 55 Ah (Motorraum)	12 V 44 od. 55 Ah (Motorraum)	
Drehstrom 630 W		Drehstrom 630 W	Drehstrom 770 W	
Antrieb auf Hinterräder. Geteilte Kardanwelle			Antrieb auf Hinterräder. Geteilte Kardanwelle	
Einscheibentrockenkupplung			Einscheibentrockenkupplung	
Schaltstock Wagenmitte			Schaltstock Wagenmitte	
4 Gang			4 Gang	
I – IV			I–IV	
I. 3,764, II. 2,02, III. 1,32, IV. 1,00			I. 3,764, II. 2,02, III. 1,32, IV. 1,00	
	Ab Aug. 1977 auf Wunsch: Automatic ZF HP 22 Hydraulischer Wandler + 3 Gang-Planetengetriebe Wählhebel Wagenmitte I. 2,56, II. 1,52, III. 1,00 Wandler 1,94-fach	Auf Wunsch: Automatic ZF HP 22 hydraulischer Wandler + 3 Gang-Planetengetriebe Wählhebel Wagenmitte I. 2,56, II. 1,52, III. 1,0 Wandler 1,94-fach		
4,44	4,44	4,11	3,90	
Selbsttragende Ganzstahlkarosserie			Selbsttragende Ganzstahlkarosserie	
McPherson-Federbeine, Schraubenfedern			McPherson-Federbeine, Schraubenfedern	
Gummi-Zusatzfedern, Drehstab-Stabilisator			Gummi-Zusatzfedern, Drehstab-Stabilisator	
Schräglenker, Federbeine, Schraubenfedern			Schräglenker, Federbeine, Schraubenfedern	
Gummi-Zusatzfedern. Auf Wunsch: Drehstab-Stabilisator			Gummi-Zusatzfedern, Drehstab-Stabilisator	
ZF Gemmer Schnecke 22,3 : 1. 4 1/3 Lenkraddrehungen			ZF Gemmer Schnecke 22,3 : 1. 4 1/3 Lenkraddrehungen	
Auf Wunsch: 16,9 : 1 + Servohilfe. 3 2/3 Lenkraddrehungen			Auf Wunsch: 16,9 : 1 + Servohilfe. 3 2/3 Lenkraddrehungen	
Doppel-Zweikreis-Hydraulik, Servohilfe			Doppel-Zweikreis-Hydraulik, Servohilfe	
Scheibenbremsen vorn 272 mm ∅, Trommelbremsen hinten 250 mm ∅			Scheibenbremsen vorn 272, Trommelbremsen hinten 250 mm ∅	
2636 mm		2636 mm	2636 mm	
1406/1442 mm		1406/1442 mm	1406/1442 mm	
4620 x 1690 x 1425 mm		4620 x 1690 x 1425 mm	4620 x 1690 x 1425 mm	
5 1/2 J x 14 H 2 (Fünfloch)		5 1/2 J x 14 H 2 (Fünfloch)	5 1/2 J x 14 H 2 (Fünfloch)	
175 HR 14		175 SR 14	175 HR 14	
10,7/11,1 Meter		10,7/11,1 Meter	10,7/11,1 Meter	
1260 kg	1275, Automatic + 20 kg	1260, ab Sept. 1975: 1275 kg Automatic + 20 kg	1280 kg	1295 kg
1700 kg	1700 kg	1700 kg	1700 kg	1700 kg
163 km/h	160, Automatic 155 km/h	175. Automatic 170 km/h	184 km/h	181 km/h
15 sec	15, Automatic 16 sec	13, Automatic 14 sec	12 sec	12 sec
12,5 Liter Super	13, Automatic 13,5 l Normal	13,5. Automatic 14 l Super	13,5 Liter Super	13,5 Liter Super
56 Liter (im Heck)	70 Liter (im Heck)	56, ab Sept. 1975: 70 Liter (im Heck)	56 Liter (im Heck)	70 Liter (im Heck)

BMW 525
Limousine 4 Türen
1973–1976

BMW 528
Limousine 4 Türen
1975–1976

BMW 518
BMW 520
BMW 525
Limousine 4 Türen
ab 1976

BMW 520 i
BMW 528
Limousine 4 Türen
1976–1977

BMW 528 i
Limousine 4 Türen
ab 1977

	BMW 520 ab 1977	BMW 525 ab 1973	BMW 528 1975 – 1977	BMW 528 i ab 1977
Motor	Vergasermotor	Vergasermotor	Vergasermotor	Einspritzmotor
Zylinderzahl	6 (Reihe). Block um 30° rechts seitlich geneigt	6 (Reihe). Block um 30° rechts seitlich geneigt	6 (Reihe). Block um 30° rechts seitlich geneigt	6 (Reihe). Block um 30° rechts seitlich geneigt
Bohrung x Hub	80 x 66 mm	86 x 71,6 mm	86 x 80 mm	86 x 80 mm
Hubraum	1990 ccm	2494 ccm	2788 ccm	2788 ccm
Leistung	122 PS (90 kW) b. 6000 U/min	145 PS (107 kW) b. 6000 U/min bzw. (ab. Aug. 1976) 150 PS (110 kW) b. 5800 U/min	165 PS (121 kW) b. 5800 U/min bzw. (ab Aug. 1976) 170 PS (125 kW) b. 5800 U/min	176 PS (130 kW) b. 5800 U/min
Drehmoment	16,3 mkg bei 4000 U/min	21,2 mkg bei 4000 U/min	25,8 mkg bei 4000 U/min	24,0 mkg bei 4300 U/min
Verdichtung	1 : 9,2	1 : 9,0	1 : 9,0	1 : 9,0
Vergaser	1 Fallstrom-Registervergaser Solex 4 A 1 mit Startautomatik	2 Fallstrom-Registervergaser Zenith 32/40 INAT bzw. (ab Aug. 1976) 1 Fallstrom-Registervergaser Solex 4 A 1 mit Startautomatik	2 Fallstrom-Registervergaser Zenith 35/40 INAT bzw. (ab Aug. 1976) 1 Fallstrom-Registervergaser Solex 4 A 1 mit Startautomatik	Elektronisch gesteuerte Benzineinspritzung Bosch »L-Jetronic«
Ventile	V-förmig hängend Obenliegende Nockenwelle Antrieb durch Zahnriemen	V-förmig hängend Obenliegende Nockenwelle Antrieb durch Duplexkette	V-förmig hängend Obenliegende Nockenwelle Antrieb durch Duplexkette	V-förmig hängend Obenliegende Nockenwelle Antrieb durch Duplexkette
Kurbelwellenlager	7	7	7	7
Kühlung	Pumpe, 12 Liter Wasser	Pumpe, 12 Liter Wasser	Pumpe, 12 Liter Wasser	Pumpe, 12 Liter Wasser
Schmierung	Druckumlauf 4,75 Liter Öl	Druckumlauf, 6 Liter Öl	Druckumlauf, 6 Liter Öl	Druckumlauf, 6 Liter Öl
Batterie	12 V 44 od. 55 Ah (Motorraum)	12 V 55 Ah (Motorraum)	12 V 55 Ah (Motorraum)	12 V 55 Ah (Motorraum)
Lichtmaschine	Drehstrom 770 W	Drehstrom 770 W	Drehstrom 770 W	Drehstrom 770 W Transistorzündung
Kraftübertragung	Antrieb auf Hinterräder. Geteilte Kardanwelle			
Kupplung	Einscheibentrockenkupplung			
Schaltung	Schaltstock Wagenmitte			
Getriebe	4 Gang Getrag 242	4 Gang-Getrag		
Synchronisierung	I – IV	I – IV		
Übersetzungen	I. 3,764 II. 2.022 III. 1,320 IV. 1,000	I. 3,855 II. 2,202 III. 1,401 IV. 1,000		
	Auf Wunsch: Automatic ZF HP 22 Hydraulischer Wandler + 3 Gang-Planetengetriebe Wählhebel Wagenmitte I. 2,56, II. 1,52, III. 1,00, Wandler 1,94-fach			
Antriebs-Übersetzung	3,90	3,64		
Fahrwerk	Selbsttragende Ganzstahlkarosserie			
Vorderradaufhängung	McPherson-Federbeine, Schraubenfedern Gummi-Zusatzfedern, Drehstab-Stabilisator			
Hinterradaufhängung	Schräglenker, Federbeine, Schraubenfedern, Gummi-Zusatzfedern Bei 520 auf Wunsch, ab 525 Serie: Drehstab-Stabilisator			
Lenkung	ZF Gemmer Schnecke 22,3 : 1, 4 1/3 Lenkraddrehungen Auf Wunsch: 16,9 : 1 + Servohilfe. 3 2/3 Lenkraddrehungen		ZF Kugelmutter mit Servohilfe 16,9 : 1 3 2/3 Lenkraddrehungen	
Fußbremse	Doppel-Zweikreis-Hydraulik Servohilfe Scheibenbremsen vorn 272 ∅ Trommelbremsen hinten 250 ∅	Doppel-Zweikreis-Hydraulik Servohilfe Scheibenbremsen vorn 272 ∅ Scheibenbremsen hint. 272 ∅	Doppel-Zweikreis-Hydraulik Servohilfe Scheibenbremsen vorn 272 ∅ Scheibenbremsen hint. 272 ∅	Doppel-Zweikreis-Hydraulik Servohilfe Scheibenbremsen vorn 272 ∅ Scheibenbremsen hint. 272 ∅
Allgemeine Daten				
Radstand	2636 mm	2636 mm	2 536 mm	2536 mm
Spur vorn/hinten	1406/1446 mm	1406/1446 mm	1420/1460 mm	1420/1460 mm
Gesamtmaße	4620 x 1690 x 1435 mm	4620 x 1690 x 1425 mm	4620 x 1690 x 1425 mm	4620 x 1690 x 1425 mm
Felgen	5 1/2 J x 14 H 2 (Fünfloch)	5 1/2 J x 14 H 2 (Fünfloch)	6 J x 14 H 2 (Fünfloch)	6 J x 14 H 2 (Fünfloch)
Reifen	175 SR 14	175 HR 14	195/70 HR 14	195/70 HR 14
Wendekreis links/rechts	10,7/11,1 Meter	10,7/11,1 Meter	10,7/11,1 Meter	10,7/11,1 Meter
Wagengewicht	1350, Automatic + 20 kg	1380, Automatic + 20 kg	1415, Automatic + 20 kg	1450, Automatic + 20 kg
Zuläss. Gesamtgewicht	1770 kg	1810 kg	1840 kg	1870 kg
Höchstgeschwindigkeit	181 km/h	192 km/h	198 km/h	208 km/h
Beschleunigung 0–100 km/h	12 sec	10,5 sec	10 sec	9,5 sec
Verbrauch/100 km	13,5, Automatic 14 l Super	15,5 Liter Super	16 Liter Super	16 Liter Super
Kraftstofftank	70 Liter (im Heck)	70 Liter (im Heck)	70 Liter (im Heck)	70 Liter (im Heck)

BMW 6er-Reihe (ab 1976)

Zum Genfer Salon im März 1976 präsentierte BMW die 6er-Coupé-Reihe, und zwar je eine Ausführung mit 3 Liter-Vergaser- oder mit 3,3 Liter-Einspritzmotor. Beide Wagen stimmen ansonsten völlig überein, sehen elegant aus, kosten aber enorm viel Geld. Dennoch finden sie guten Zuspruch, ohne allerdings bisher den Verkaufserfolg der Vorgänger wiederholen zu können. Im ersten Produktionsjahr litten die 6er-Coupés unter lästigen Detail-, vor allem Verarbeitungsmängeln. Deshalb verlegte BMW ab August 1977 deren Endmontage in das Werk Dingolfing, so daß seitdem nur noch die Rohkarosserie von Karmann kommt. Mitte Juli 1978 wurde die Baureihe um den BMW 635 CSi erweitert. Er zeichnet sich durch einen 3,5 Liter-Einspritzmotor, 5 Gang-Schaltgetriebe sowie Front- und Heckspoiler aus. Sein Preis beträgt DM 49400,–.

Preise	BMW 630 CS	BMW 633 CSi	Automatic
März 1976	DM 40600,–	DM 43100,–	+ DM 1580,–
März 1977	DM 42300,–	DM 44900,–	+ DM 1580,–
Jan. 1978	DM 42685,–	DM 45305,–	+ DM 1600,–
Mai 1978	DM 43900,–	DM 46500,–	+ DM 1650,–
Produktion			
1976	2072	2862	
1977	2518	3263	

BMW 6er-Reihe Schnittbild

	BMW 630 CS ab 1976	BMW 633 CSi ab 1976	BMW 635 CSi ab 1978
Motor	Vergasermotor	Einspritzmotor	Einspritzmotor
Zylinderzahl	6 (Reihe). Block um 30° rechts seitlich geneigt	6 (Reihe). Block um 30° rechts seitlich geneigt	6 (Reihe). Block um 30° rechts seitlich geneigt
Bohrung x Hub	89 x 80 mm	89 x 86 mm	93,4 x 84 mm
Hubraum	2985 ccm	3205 ccm	3453 ccm
Leistung	185 PS (136 kW) b. 5800 U/min	200 PS (146kW) b. 5500 U/min	218 PS (160 kW) b. 5200 U/min
Drehmoment	26,0 mkg bei 3500 U/min	28,5 mkg bei 4300 U/min	31,0 mkg bei 4000 U/min
Verdichtung	1:9,0	1:9,0	1:9,3
Vergaser bzw. Einspritzung	1 Fallstrom-Registervergaser Solex 4 A 1 mit Startautomatik	Elektronisch gesteuerte Benzineinspritzung Bosch »L-Jetronic«	Elektronisch gesteuerte Benzineinspritzung Bosch »L-Jetronic«
Ventile	V-förmig hängend Obenliegende Nockenwelle Antrieb durch Duplexkette	V-förmig hängend Obenliegende Nockenwelle Antrieb durch Duplexkette	V-förmig hängend Obenliegende Nockenwelle Antrieb durch Duplexkette
Kurbelwellenlager	7	7	7
Kühlung	Pumpe, 12 Liter Wasser	Pumpe, 12 Liter Wasser	Pumpe, 12 Liter Wasser
Schmierung	Druckumlauf, 6 Liter Öl	Druckumlauf, 6 Liter Öl	Druckumlauf, 6 Liter Öl
Batterie	12 V 66 Ah (im Motorraum)	12 V 66 Ah (im Motorraum)	12 V 66 Ah (im Motorraum)
Lichtmaschine	Drehstrom 770 W	Drehstrom 910 W	Drehstrom 910 W
Zündung	Unterbrecher-gesteuerte Spulenzündung	Kontaktlos gesteuerte Transistor-Spulenzündung	Kontaktlos gesteuerte Transistor-Spulenzündung
Kraftübertragung	Antrieb auf Hinterräder. Geteilte Kardanwelle		
Kupplung	Einscheibentrockenkupplung		
Schaltung	Schaltstock Wagenmitte		
Getriebe	4 Gang Getrag 262/9		5 Gang Getrag 265/5.70
Synchronisierung	I – IV		I – V
Übersetzungen	I. 3,855, II. 2, 203, III. 1,402, IV. 1,00 Auf Wunsch: Automatic ZF 3 HP 22 Hydraulischer Wandler+ 3 Gang-Planetengetriebe Wählhebel Wagenmitte I. 2,478, II. 1,478, III. 1,00, Wandler 2-fach		I. 3, 717, II. 2,403, III. 1,766, IV. 1,263, V. 1,00
Antriebs-Übersetzung	3,45	3,25	3,07
Fahrwerk	Selbsttragende Ganzstahlkarosserie		
Vorderradaufhängung	McPherson-Federbeine, Schraubenfedern Gummi-Zusatzfedern, Drehstab-Stabilisator		
Hinterradaufhängung	Schräglenker, Federbeine, Schraubenfedern Gummi-Zusatzfedern, Drehstab-Stabilisator		
Lenkung	ZF Gemmer Schnecke (16,9:1) mit Servohilfe 3,5 Lenkraddrehungen		
Fußbremse	Doppel-Zweikreis-Hydraulik, Servohilfe Scheibenbremsen vorn 280 mm ∅, hinten 272 mm ∅		
Allgemeine Daten			
Radstand	2626 mm	2626 mm	2626 mm
Spur vorn/hinten	1422/1487 mm	1422/1487 mm	1422/1487 mm
Gesamtmaße	4755 x 1725 x 1365 mm	4755 x 1725 x 1365 mm	4755 x 1725 x 1365 mm
Felgen	6 J x 14 (Leichtmetall)	6 J x 14 (Leichtmetall)	6 1/2 J x 14 (Leichtmetall)
Reifen	195/70 VR 14	195/70 VR 14	195/70 VR 14
Wendekreis links/rechts	11,1/11,2 Meter	11,1/11,2 Meter	11,1/11,2 Meter
Wagengewicht	1475 kg Automatic + 20 kg	1495 kg Automatic + 20 kg	1520 kg
Zuläss. Gesamtgewicht	1830 kg	1830 kg	1860 kg
Höchstgeschwindigkeit	211 km/h	216 km/h	222 km/h
Beschleunigung 0–100 km/h	9 sec	8,5 sec	8 sec
Verbrauch/100 km	17 Liter Super	17 Liter Super	17 Liter Super
Kraftstofftank	70 Liter (im Heck)	70 Liter (im Heck)	70 Liter (im Heck)

BMW 630 CS
BMW 633 CSi
Coupé 4 Sitze
ab 1976

BMW 635 CSi
Coupé 4 Sitze
ab 1978

BMW 635 CSi
Coupé 4 Sitze
ab 1978

BMW 7er-Reihe (ab 1977)

Als Nachfolger der seitherigen großen BMWs stellte das Werk im Mai 1977 mit deren Produktionsbeginn die 7er-Reihe vor, eine sehr eindrucksvolle Limousine, die mit verschiedenen (vorläufig drei) Motoren lieferbar ist. Am meisten Interesse verdient dabei der BMW 728, der zwar auch recht teuer ist, aber preislich noch einigermaßen im Rahmen liegt, während die relativ geringe Mehrleistung des BMW 730 und erst recht des BMW 733 i allenfalls aus Gründen des Prestiges und der Repräsentation die enormen Aufpreise rechtfertigt. Hauptvorzug der neuen BMW Limousinen sind wieder die fabelhaft laufruhigen, geschmeidigen, elastischen und drehfreudigen Motoren. Auch sonst stehen diese Wagen in jeder Beziehung auf hohem Niveau, nur ist und bleibt es halt ihr Problem, daß sie in erster Linie gegen die Konkurrenz von Mercedes-Benz bestehen müssen. Sich dagegen so gut zu behaupten, wie es den großen BMW-Modellen seit 25 Jahren gelingt, verdient als beachtlicher Erfolg verzeichnet zu werden.

Preise	**BMW 728**	**BMW 730**	**BMW 733 i**	**Automatic**
Mai 1977	DM 29300,–	DM 33600,–	DM 38600,–	+ DM 1580,–
Jan. 1978	DM 29565,–	DM 33905,–	DM 38950,–	+ DM 1600,–
Mai 1978	DM 30850,–	DM 34850,–	DM 39950,–	+ DM 1650,–
Produktion				
1977	7660	4965	7331	

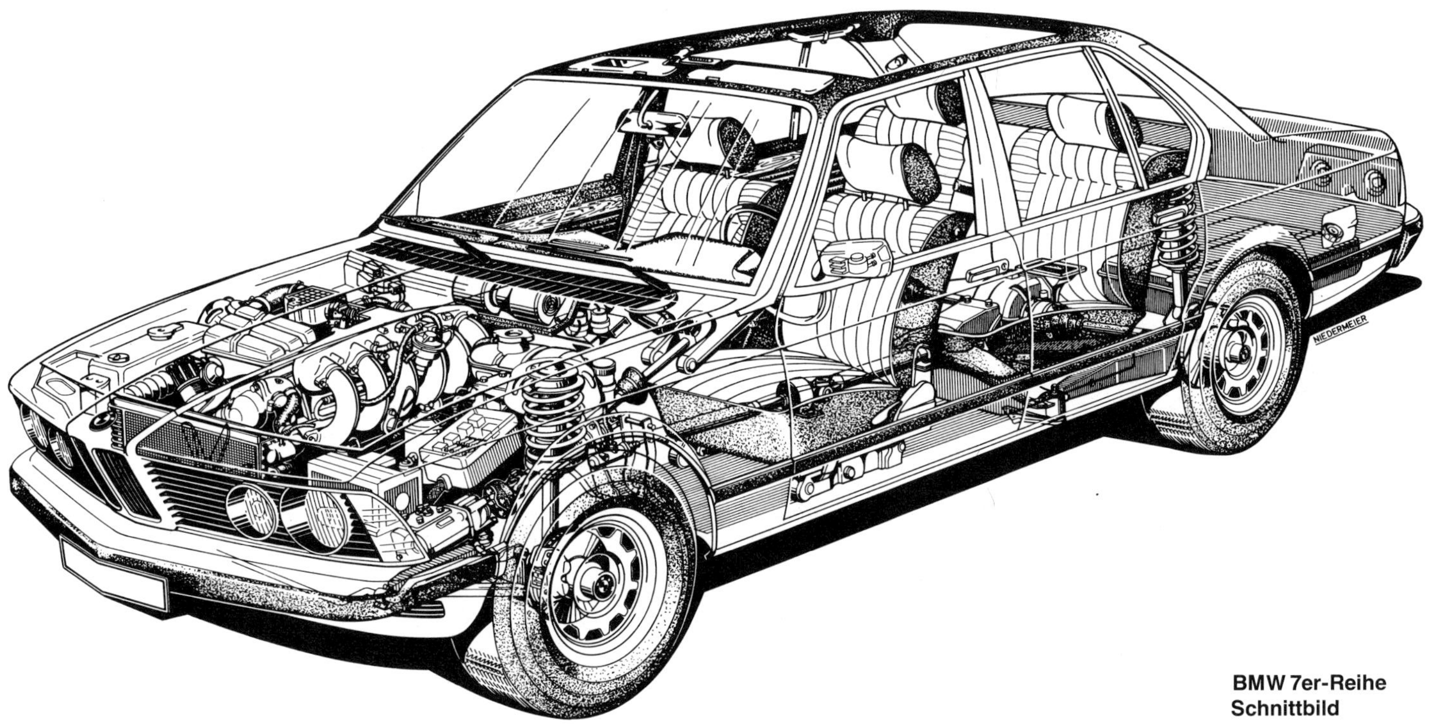

BMW 7er-Reihe
Schnittbild

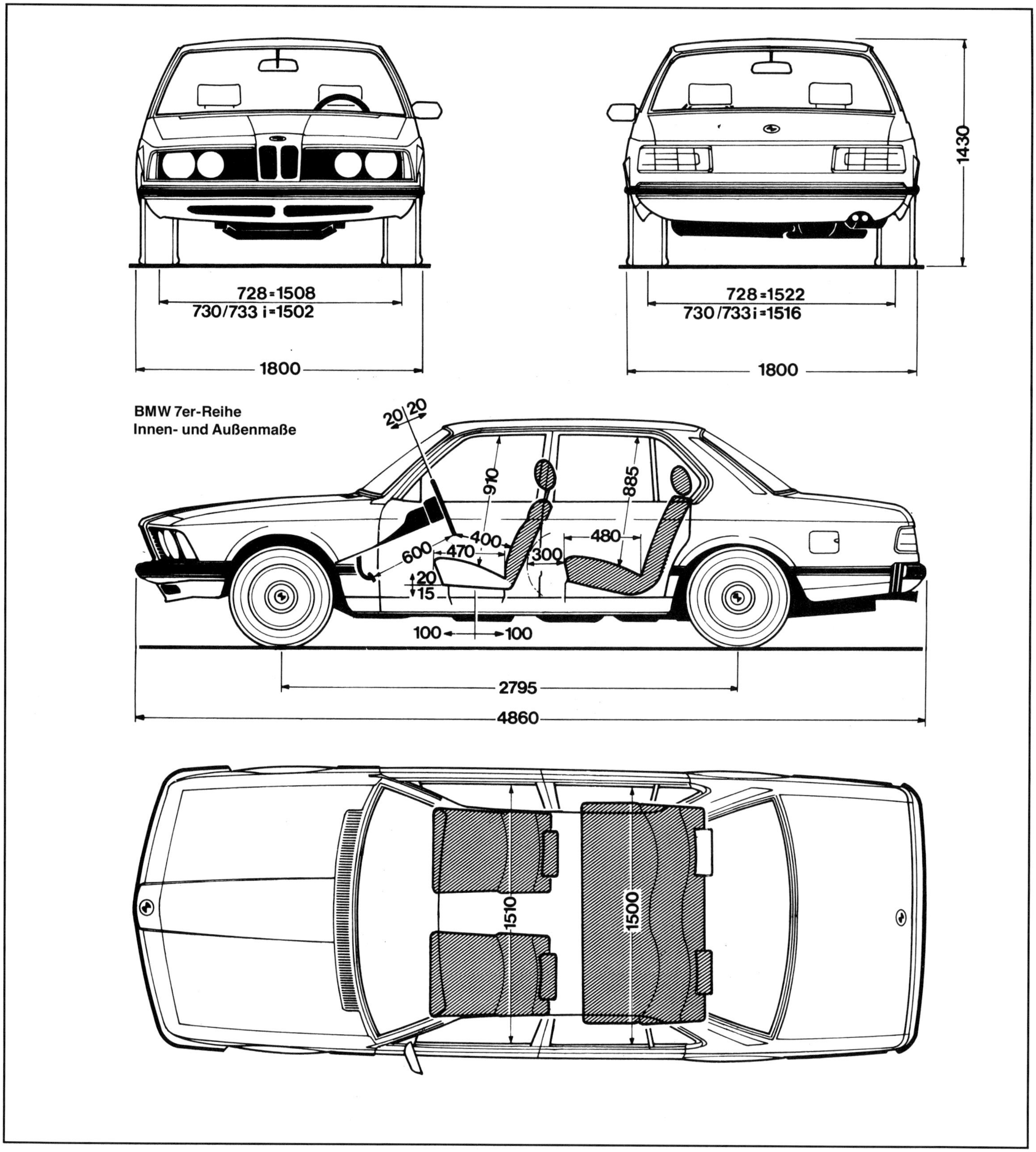

BMW 7er-Reihe
Innen- und Außenmaße

	BMW 728 ab 1977	BMW 730 ab 1977	BMW 733 i ab 1977
Motor	Vergasermotor	Vergasermotor	Einspritzmotor
Zylinderzahl	6 (Reihe). Block um 30° rechts seitlich geneigt	6 (Reihe). Block um 30° rechts seitlich geneigt	6 (Reihe). Block um 30° rechts seitlich geneigt
Bohrung x Hub	86 x 80 mm	89 x 80 mm	89 x 86 mm
Hubraum	2788 ccm	2985 ccm	3205 ccm
Leistung	170 PS (125 kW) b. 5800 U/min	184 PS (135 kW) b. 5800 U/min	197 PS (145 kW) b. 5500 U/min
Drehmoment	23,8 mkg bei 4000 U/min	26,0 mkg bei 3500 U/min	28,5 mkg bei 4300 U/min
Verdichtung	1:9,0	1:9,0	1:9,0
Vergaser bzw. Einspritzung	1 Fallstrom-Registervergaser Solex 4 A 1 mit Startautomatik	1 Fallstrom-Registervergaser Solex 4 A 1 mit Startautomatik	Elektronisch gesteuerte Benzineinspritzung Bosch »L-Jetronic«
Ventile	V-förmig hängend. Obenliegende Nockenwelle Antrieb durch Duplexkette		
Kurbelwellenlager	7		
Kühlung	Pumpe, 12 Liter Wasser		
Schmierung	Druckumlauf, 6 Liter Öl		
Batterie	12 V 55 Ah (Motorraum)	12 V 55 Ah (Motorraum)	12 V 65 Ah (Motorraum)
Lichtmaschine	Drehstrom 770 W	Drehstrom 770 W	Drehstrom 910 W
Zündung	Unterbrecher-gesteuerte Spulenzündung	Unterbrecher-gesteuerte Spulenzündung	Kontaktlos gesteuerte Transistor-Spulenzündung
Kraftübertragung	Antrieb auf Hinterräder. Geteilte Kardanwelle		
Kupplung	Einscheibentrockenkupplung		
Schaltung	Schaltstock Wagenmitte		
Getriebe	4 Gang Getrag 262/9		
Synchronisierung	I – IV		
Übersetzungen	I. 3,855, II. 2,203, III. 1,402, IV. 1,00 Auf Wunsch: Automatic ZF HP 22 Hydraulischer Wandler + 3 Gang-Planetengetriebe Wählhebel Wagenmitte I. 2,478, II. 1,478, III. 1,00, Wandler 2-fach		
Antriebs-Übersetzung	3,64	3,45	3,45
Fahrwerk	Selbsttragende Ganzstahlkarosserie		
Vorderradaufhängung	McPherson-Federbeine, Schraubenfedern Gummi-Zusatzfedern, Drehstab-Stabilisator		
Hinterradaufhängung	Schräglenker, Federbeine, Schraubenfedern Gummi-Zusatzfedern		
Lenkung	ZF Kugelmutter-Hydrolenkung mit Servohilfe 15,2 : 1. 3,8 Lenkraddrehungen		
Fußbremse	Doppel-Zweikreis-Hydraulik, Servohilfe Scheibenbremsen vorn und hinten 280 mm ∅		
Allgemeine Daten			
Radstand	2795 mm	2795 mm	2795 mm
Spur vorn/hinten	1508/1522 mm	1502/1516 mm	1502/1516 mm
Gesamtmaße	4860 x 1800 x 1430 mm	4860 x 1800 x 1430 mm	4860 x 1800 x 1430 mm
Felgen	6 J x 14 (Stahl)	6 1/2 J x 14 (Stahl)	6 1/2 J x 14 (Stahl)
Reifen	195/70 HR 14	205/70 HR 14	205/70 VR 14
Wendekreis links/rechts	11,3/11,4 Meter	11,3/11,4 Meter	11,3/11,4 Meter
Wagengewicht	1550 kg Automatic + 20 kg	1600 kg Automatic + 20 kg	1630 kg Automatic + 20 kg
Zuläss. Gesamtgewicht	2000 kg	2050 kg	2070 kg
Höchstgeschwindigkeit	197 km/h	201 km/h	207 km/h
Beschleunigung 0–100 km/h	10 sec	9,5 sec	9 sec
Verbrauch/100 km	16,5 Liter Super	17,5 Liter Super	17,5 Liter Super
Kraftstofftank	85 Liter (im Heck)	85 Liter (im Heck)	85 Liter (im Heck)

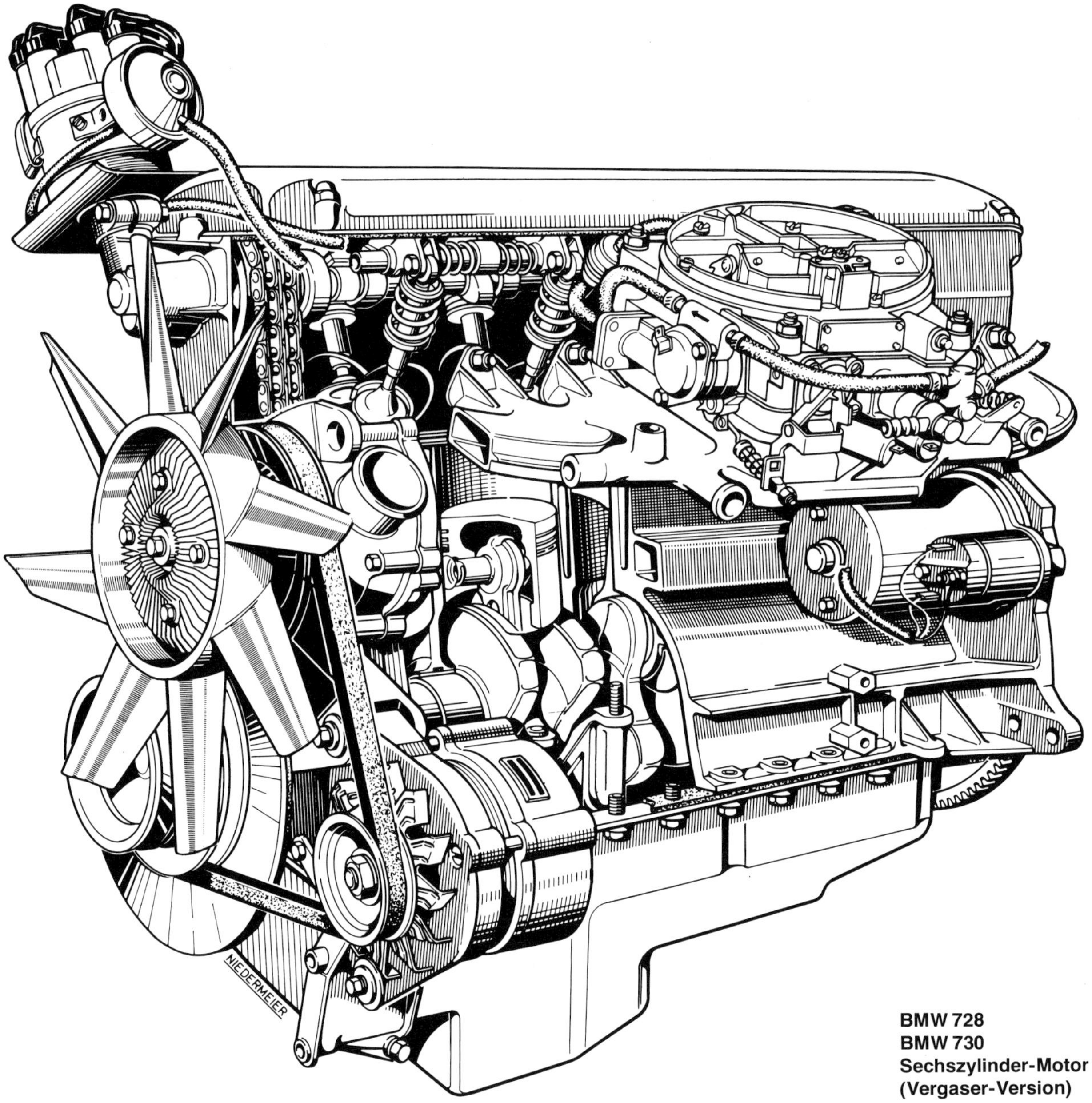

BMW 728
BMW 730
Sechszylinder-Motor
(Vergaser-Version)

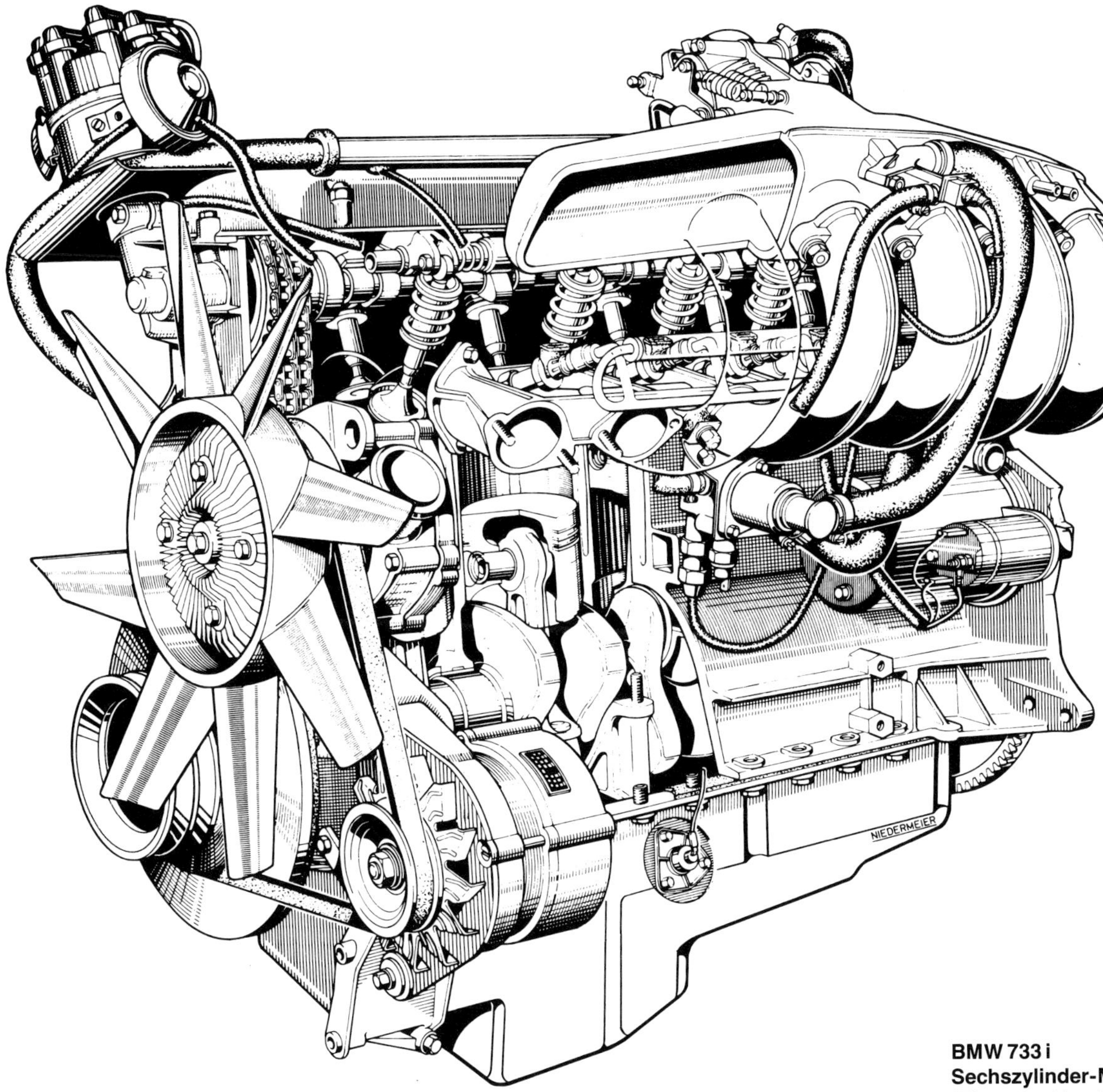

BMW 733 i
Sechszylinder-Motor
(Einspritz-Version)

BMW 733 i
Motorraum

BMW 7er-Reihe
Fahrersitz und
gewölbte Armaturentafel

→
→

BMW 728
BMW 730
BMW 733 i
Limousine 4 Türen
ab 1977

M-TX 2587

BMW M 1 (Prototyp 1977/78)

Die Bayerischen Motoren Werke schicken sich an, ein hochkarätiges Sportfahrzeug herauszubringen. Das Projekt trägt den Namen BMW M 1, die werksinterne Bezeichnung lautet E 26. Mehrere Versuchswagen laufen bereits seit dem Frühjahr 1977. Es war vorgesehen, daß die von Giorgio Giugiaro (Ital Design) entworfene Karosserie und das Fahrwerk von der italienischen Firma Lamborghini gebaut werden, während BMW für den Motor und die Kraftübertragung sorgen sollte. Der Vertrag mit Lamborghini wurde jedoch im April 1978 gekündigt, weil sich diese Firma infolge finanzieller Schwierigkeiten als außerstande erwies, wenigstens einige Vorserienwagen fristgerecht herzustellen. Nun will BMW in Zusammenarbeit mit einem anderen deutschen Unternehmen zunächst 400 Wagen des Typs M 1 bauen. Vorgesehen sind zwei Straßen- und zwei Rennversionen. Erstere erhalten einen 3,5 Liter-Sechszylinder-Motor, der entweder 225 PS oder (mit Vierventil-Zylinderkopf) 280 PS leistet und damit eine Höchstgeschwindigkeit von über 250 km/h ermöglicht. Für Rennzwecke wird es einen 3,5 Liter-Einspritzer (350 PS, 310 km/h) oder einen 3,2 Liter mit 2 Turboladern (800 PS, 350 km/h) geben. Der Motor wird in Längsrichtung vor der Hinterachse, das Fünfganggetriebe hinter dieser eingebaut. Der Grundpreis für das ultraniedrige Zweisitzer-Coupé beträgt etwa 100000 DM. Es besteht keine Befürchtung, daß es an der nötigen Zahl von Käufern fehlen könnte.

BMW M 1
Sport-Coupé 2 Sitze
Prototyp 1977/78